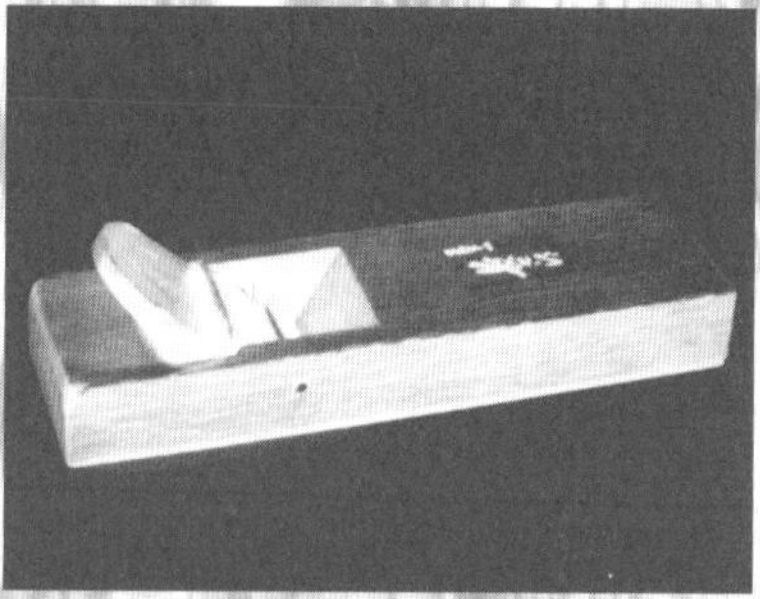

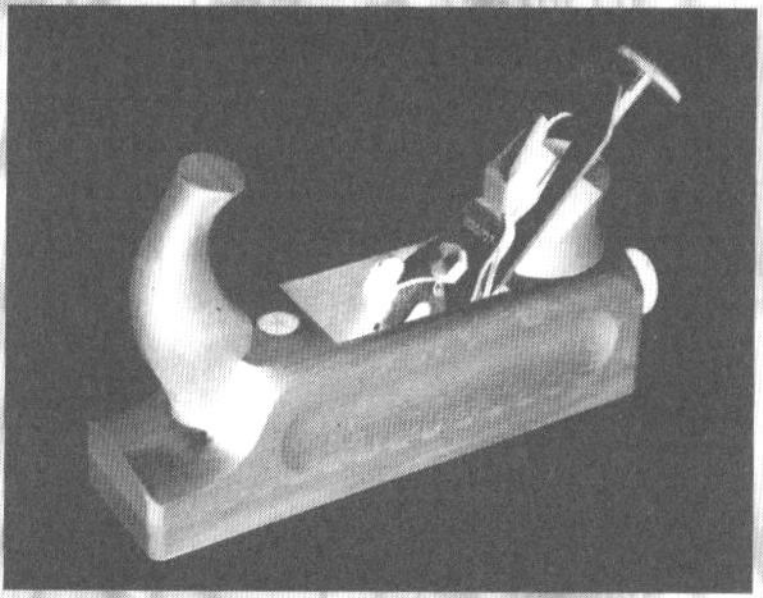

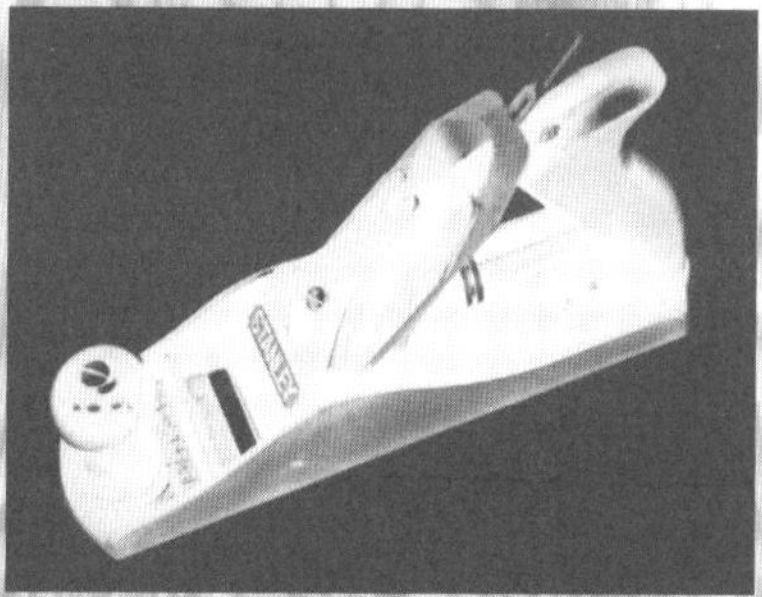

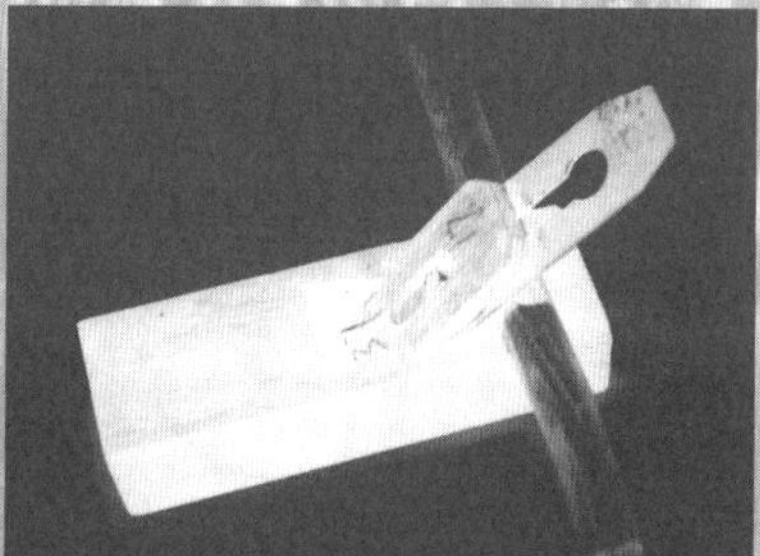

山下晃功
島根大学教授

大学の棟梁

木工から木育への道

海青社

はじめに

昭和四十五(一九七〇)年四月からスタートした、私の島根大学教育学部での大学教官としての四十年間の仕事に、平成二十三(二〇一一)年三月末をもって終止符を打つこととなりました。この節目に、これまでの四十年間の大学人としての人生を振り返り、ここに本書を著すことにいたしました。

時折しも、世界は、日本は大きな変革、変動、不安、混迷の時代を迎え、さらに地球環境悪化を防止するための、全世界的規模で多くの多難な問題を解決しなければならない大変な時代に突入しています。

私は昭和二十年山紫水明の地、岐阜市で生まれ、高校までの十八年間を送りました。岐阜市のシンボル金華山山頂から清流・長良川、名峰・伊吹山、美しく広大な濃尾平野を眺めては、将来への夢を描いたものでした。そして郷里を離れ、上京して東京教育大学(現在の筑波大学)に入学したのは、昭和三十九(一九六四)年東京オリンピックの年でした。この時代、日本は戦後に終止符を打ち、高度経済成長期に入り、国民は希望と夢に満ちていた時代でもありました。

私が大学で専攻したのは農学部（現在は、生命、生物資源などの用語を使った学部に名称変更されたところもあります）における木材工学でした。当時はポリバケツに代表されるように、木材製品がプラスチックに取って代わられる「材料革命の時代」であり、さらには、暖房や各種熱源の燃料が木材・木炭・練炭などから灯油・ガスへの「燃料革命の時代」でもありました。このような華やかな工業化の高度経済成長期に、斜陽産業の素材とも思われる自然材料である「木材」を研究対象とする分野を専攻してしまいました。私にとっては工業化と逆行する分野を進路として選択してしまい、「後悔と失望」の時でもありました。しかし、石油化学コンビナートなどの国内の先進的な工業地帯では、徐々に人々をむしばむ「公害問題」が発生し始めた時代でもありました。でもその頃は、地球と人類をむしばむ「地球温暖化」はまだまだ顕在化してきていませんでした。

昭和三十九（一九六四）年から約五十年経った今日、地球温暖化防止、持続可能循環型社会の形成、低炭素社会の形成のため、森林や再生可能で省エネ材料である木材が、将来の人類と地球を守るために、今日ほど必要になるとは誰が予想したでしょうか。

五十年前、私の大学青春時代の進路選択での「後悔と失望」は、今になってやっと消え去りました。あきらめずに半世紀間継続して、木材や木工、木工具を研究し、木材加工教育に専念し、多くの学生、社会人に対して指導してきたことに、私自身大いなる誇りが持てるようになりました。木材・木工と出会ったことに感謝できるようにもなりました。

また、私の島根大学教育学部（教員養成学部）での大学人としての四十年の間には、幾多の学部・

大学の改革がありました。大学の生涯学習社会への対応、教員養成学部・大学における大学院(修士課程)設置、少子化にともなう教員養成学部・大学の学生定員削減、国立大学法人化、教員養成制度見直し、教員免許更新制度などです。このような変化、変革の激動の渦の中で、よくぞ自分を見失うこともなく、信念を持って、愚直一途に邁進できたことか。我ながら驚きと皆さまに感謝をせずにはいられません。

私は、島根大学在職四十年の間に多くの貴重な人生経験をさせていただきました。赴任早々の島根総合高等職業訓練校木工科での一年間の木工修行は、私の研究者、教育者としての人生を大きく方向付けしてくれました。そして今では、のこぎりで軽やかに木材を切り、かんなを繊細に巧みに使いこなす「かんな博士」の大学教授になってしまいました。こんな風変わりな大学の棟梁のような教授はもう出現しないのでしょうか。ぜひ、後継者が出てきてほしいと、私は願っています。

昭和四十五年島根大学に赴任当初、教育学部中学校教員養成課程技術・職業科という研究室に所属する学生達の指導が始まりました。以来、私は四十年間多くの純朴で、まじめな良き学生に恵まれました。彼らは木材加工を卒業研究で行う希望者で、三回生後期から山下研究室に配属になってきました。彼らとは、私の木工具の「かんな」の研究を一緒になって進めてきました。また、学生と学園祭で駅伝を走ったり、学内研究室対抗ソフトボール大会や研究室ハイキングでも一緒に楽しんだことは、今でも学生と共に過ごした楽しい思い出です。

昭和五十(一九七〇)年頃からの、島根大学の生涯学習社会への対応では、島根大学農学部(現在の、生物資源科学部）の先生方と開始した島根大学公開講座「木工教室」でした。私が三十歳頃から、この「木工教室」を企画し、松江市民の皆様との木工ものづくり学習を通しての社会教育活動を開始しました。この松江市での活動を継続しながら、出雲科学館での出雲市民の皆様にも広がっていったことは、私にとりましては象牙の塔にこもらず、広く社会に出て視野を広め、社会性を身につける上にも意義ある経験でした。そして、それぞれの学習者の皆さんが木工同好会を組織するところまで発展してきたことは、まさに生涯学習社会が形成されることになり、大変嬉しく思っています。

ところで、教員養成学部は自然科学、社会科学、人文科学、スポーツ科学、芸術、科学技術分野など総合大学のような広範囲の学問領域の大学教授を擁しています。このような中で、私は縦横無尽にいろいろな専門の先生方と交流をさせていただき、見聞を深め、視野を広げることもできました。さらには、酒を酌み交わしながらの大議論もさせていただき、異分野の先生方とも友情を深めることもできました。このような中で、私のかんなの研究も大きな広がりとなり、思いもよらなかった身体木工作業動作解析にまで広がっていきました。いわゆる、スポーツ科学の応用分野であり、スポーツ・体育研究室の先生方に測定機材の協力や、研究手法の指導を得ることができました。このような研究発表は、私の専門の木材、木工関連学会では珍しく、希有な注目を浴びながらも、中国・留学生の陳廣元君に農学博士の学位まで指導することができました。

そして、最近では農林水産省林野庁の国産材の教育的利用による、豊かな森づくり活動の国民運動「木育」事業に参画することにまで活動は拡大していきました。これは見方によれば、広義の教育学、教育情報学、教育社会学の分野の活動であり、教員養成学部に籍を置く私たち研究者にとっては、新たな研究、教育活動と考えることができます。教員養成学部には新たな研究、教育分野の可能性が多々存在すると見ることができます。このように常に、私は教員養成学部に新たな夢を持ち、四十年間を研究、教育活動で過ごしてきました。

島根大学という小さな一地方大学で、四十年間夢と希望を持って、着実に大地に根を下ろし、どん欲に地域の空気を吸い、地域の水を飲みながら地域を大いに活用し、大学の仲間や、多くの地域住民の方々と深く交流をさせていただいたことが今日の私を築き上げてくれました。

この私の四十年間の大学人としての経験を中心にした記事を、産業教育研究連盟の編集で、農山漁村文化協会発行の月刊誌「技術教室」の「木工の文化誌」欄に、平成二十(二〇〇八)年九月号から平成二十二(二〇一〇)年八月号までの二年間連載させていただくことができました。この二年間の連載記事を書かせていただけたことが、私の大学人としての人生を振り返る良いきっかけとなりました。そしてまた、本書出版のきっかけともなりました。この拙著から私の島根大学教員養成学部の大学人としての人生観を、少しでもくみ取っていただければ幸いです。

山下晃功

平成二十二年　十二月二十三日

大学の棟梁——木工から木育への道——目　次

1　私と木工の宿命

●子ども時代の木と木工の出会い

昭和二十(一九四五)年木の国・岐阜生まれの私にとっては、木や木工との関わりは日常茶飯事でした。身の回りにある生活用具の大半は木材でできていました。また、木登り、チャンバラの木の剣、木の工作遊び(飛行機や船の模型づくり、犬小屋、鶏小屋づくり、雪遊びのそりづくり)など遊びの中にも随所に木材がありました。身の回りにある材料としては、木しかなかったとも言えます。

さらに、私は風呂炊きの手伝いをよくさせられました。燃料はもちろん薪でした。現代のようなガスや電気ではありません。当時、風呂炊きは子どもの手伝い仕事であったと思います。とくに我が家は商売をしていたために、父や母は忙しく、私に風呂炊きのお鉢がよく回ってきました。私にとっては、冬場の風呂炊きはむしろ楽しいことでした。なぜならば、暖を取ることができるからです。しもやけ(凍傷)で毎冬苦しめられていた私にとっては、しもやけ予防のためにも喜んで風呂炊きをしていました。風呂炊きを通して、ゆらゆらと燃える炎を観察することは、木材燃焼の科学実験を楽しんでいるようでもありました。揺らぐ炎をジーッと見ていると、暖かい炎の中の別世界へ導かれていくような気持ちになったこともありました。今の子どもは、燃える木を見る経験も乏しく、炎の中の別世界への旅の経験もないでしょう。

ところで、我が家の大黒柱は立派な太い木曽ヒノキでした。とは言っても、子どもの私には木曽ヒノキと言う名称など知るよしもありません。父が私によく話していたことが記憶に残っていたのです。親が子どもに話しかける中にも、木の名前が随分出てきていました、庭木のサワラ、サルスベリ、ツバキ、イチイなども我が家の庭に植えられていた木でした。

さらに、祖父は大工でしたので、倉庫には祖父が現役の時に使用していた大工道具がたくさん残されていました。いろいろな形をしたのこぎり、かんな、きり、のみ、バール、ジャッキなど、その他にもいろいろあったように思います。それらは私の恰好のおもちゃ(遊び道具)でした。とくに、かんな台はトラックに見たてた走るおもちゃでした。

また、当時は何だかよく分かりませんでしたが、二階の北側の軒下に三十~四十センチメートル程度の長さの木が桟積みされていました。今となって思い起こせば、かんな台用のカシの木材を乾燥させるために干してあったものでした。

このように、私は木に囲まれた世界の中で成長してきたようでした。母は生前、木材加工教育を仕事にした私に「おまえは三人兄弟の中で、一番祖父の血を引き継いでいるようだ」と話していました。

●大学進路決定と木と木工

昭和三十九（一九六四）年は私の大学入学の年でした。東京オリンピックの年でもあり、当時の日本では、今回の北京オリンピックの中国と同じように、高度経済成長期で高速道路、地下鉄、新幹線、高層ビル建設が急ピッチで行われていました。

さらに、世の中は燃料革命による木炭、薪、石炭の時代から石油、ガス、電気の時代へと移行。材料革命により木材の時代からプラスチックの時代へと、大きく世の中全体が近代化の名の下に変化していく時代でした。しかし、一方で四日市や水俣などでの公害問題が発生し始める時期でもありました。

このような時代に、私は大学で何を学べば良いのかを決めなければならない時期を迎えていました。小学生時代には野球の選手、消防士、アナウンサーになりたいと思っていました。しかし、十八歳の私には正直言って、とくに学びたいもの、将来なりたい職業などの希望はありませんでした。将来の転業を考えると、当時は二次産業の製造業が元気でしたので、工学部や農学部が漠然と良いのかなと思っていました。でも、数学や物理はさほど好きではありませんでした。いろいろ迷う中で、私自身は近くに長良川、金華山があり、遠くに伊吹山を眺めるような自然豊かな田舎で育ちましたので、自然志向でした。そして、前述しましたように社会では急速な工業化による公害問題が大きな社会問題となり始めていました。

▲ **木材工学を学ぶ学友達**(筆者は前列右端)

何か工業的(就職できそうな会社が多くある)でありながら、自然界との繋がりのある分野が、私の進路にふさわしいのではないだろうかと考えるようになりました。農学部(自然に関連のある学部)の中の工業的な分野で、私の学力に合いそうな分野というように徐々に範囲が絞られていったように思います。当時、農学部林学科が改組されようとする時代でありました。従来の川上で山と森を育てる林学の分野から、新たに森林資源を工業材料として、木材の高度利用を研究しようとする林産学科や木材工学専攻と言う学科、専攻が国立大学に設置されつつある時代でありました。

岐阜の田舎から東京にも出たい、でも東大は学力が足りない。いろいろ現実的に考えていく中で、やっと東京教育大学(現在の筑波大学の前身)農学部林学科木材工学専攻にたどり着くことができました。入学試験もクリアでき、私が考えていた「工業と自然を組み合わせた分野」にめでたく入学できました。木(木材科学)と木工(木材加工学)を本格的に勉強するスタートに着いたのでした。しかし、このスタートが、これから続く私の逆境人生の出発点でもありました。

●あきらめから木と木工の新世界へ

上京でき、国立大学入学もでき、大学生一年の新学期直後はすべてが順風満帆でした。しかし、精神的に満たされていたのはほんの数カ月でした。純朴に高校生活を送っていた田舎っぺの私がいきなり花の都に出てきて、カルチャーショック、ホームシック、とまどう大学生活など精神的な不安が襲ってきました。俗に言う「五月病」だったのでしょう。

そこへもってきて、前述したように木材は材料革命、燃料革命で全く斜陽材料の筆頭にあるように思えて来てなりませんでした。なぜこのような将来的に落ちぶれていく材料を研究し、将来はその斜陽材料に基盤をおく木材産業に就職するのかと思うと、不安で頭の中が真っ白になっていきました。最後には退学も考えました。夏休みに帰省して両親に退学の話をしようと考えていました。ですから、夏休みが早く来て郷里へ帰省する日が待ち遠しくてなりませんでした。

そして帰省し、山紫水明の見慣れた故郷岐阜の山(金華山や伊吹山)や川(長良川)の自然を眺めボーッとしながら、退学の話をいつ両親に話そうかと考えているうちに、不思議とこの雑念が次第に薄れていきました。なぜだろう？ 故郷に帰ってきたら、退学しようと東京では強く考えていた雑念が薄れて行くではありませんか。故郷のこの力は何なんだ。今流に言えば、きっと故郷の癒し力によるのでしょう。

もういいや、せっかく入学できた大学だ。いまさら受験勉強もいやだ。しかも、自分が一度は考えて決めて選んだ木材工学専攻の道だ。木材とことこと取り組んでみようと、前向きにあきらめることが次第にできるようになってきました。この時、人生において、あきらめることも必要であることを学びました。もちろんとことん熟慮して決めたことであったからこそ、あきらめられたと思います。あきらめることによって、逆に木材工学への積極性がでてきたようでした。

●木材工学で故郷の人の期待に応えられるか

このような心の悩みも去り、木材工学とはなんぞや。木材工学でどのような社会貢献ができるのかなど、次の新たな課題が私を襲ってきました。夏休みなどの休暇で故郷に帰省すると、当時では大学進学率も二割程度と低く、親戚の人や近所の皆さんが物珍しがって、大学ってどんなところ？大学で何を学んでいるの？などといろいろ質問攻めにあうことがしばしばでした。こんな中で、私が木材工学を学んでいることを話すと、「我が家の木の机を作ってくれ、直してくれ。木の椅子を作ってくれ、直してくれ」と言う要望を受けていました。こんな時、私は大学では学問を学んでいますので、そのような木工職人のようなことはできません、と答えていました。すなわち、親戚の人や近所の人の要望や期待に応えられないのです。そしてこのような返答の後に、心に何かモヤモヤした後味の悪さがいつまでも残っていました。この後味の悪さは大学を卒業し、大学院を修了しても消えませんでした。

いつか親戚の人、故郷の人の要望や期待に応えられるように、木製品が自分の手で作ることができ、多くの皆さんに喜んでいただける木材工学専攻の大学卒、大学院卒でありたいな、と心のどこかに思いが残っていました。学問は人の要望や期待に応えることのできないものか、人を喜ばすことができないのか。社会にどのように貢献したらよいのかと言うような、深遠な課題をときどき考えていました。

現在の私を振り返ってみると、青春時代にこのような純粋なことを考えていたからこそ、現在の今の私のように、のこぎり、かんなを持って、ものづくりのできる全国的に珍しい大学教授になれたのではないか思っています。

2　大学での木材・木工教育

●私の悩み「木材工学」とは？

大学の木材工学専攻では木材組織学、木材加工学、木材材料学、改良木材学、木材切削論、木材乾燥論、木材接着論など木材・木工に関する基礎的な学問とその周辺学問を中心にカリキュラムが構成されていました。それなりに木材の基礎となる木材科学に興味を持ちながら楽しく学習できました。しかし、現実社会で木材が使用されている木造建築、木製家具などの産業、生活に直結した応用学問は昭和三十九年から四十五年の私が東京教育大学及び大学院に在学中の六年間にはなかったように記憶しています。

木材工学自体が従来の林学から新たに派生し、独立した学問領域であるために、まだそこまで進化できていなかったからでしょう。そして、木材をものづくり素材産業の一つの素材として位置づけられていたように思います。これは農学部にある学問分野としては致し方ないことかもしれません。そして、ここには目に見える派手さはありませんし、見栄えがせず、地味なものに思えて仕方がありませんでした。このような学問「木材工学」を学んでも木造建築、木製家具などを自分の技術でつくることができません。どうしたら目に見える学問の成果である木造建築物、木製家具をつくることができるのか。こんな悩みを抱きながら大学生活を送っていました。

●技術科教育「木材加工」との出会い

前述しましたように、大学入学時の昭和三十九年ごろは燃料革命、材料革命の黎明期でありました。こんな時代に、多くの同級生は将来に不安を抱きながら、指導教官の林大九郎先生に木材工学の将来について尋ねることがありました。先生は木材工学、木材産業は「労多くして、功少ない」分野であると答えておられたことを記憶しています。なるほど、当時の産業構造の変化を考えるとその通りでありました。今となってこの表現を振り返ってみますと、まさに的を射た名言だと思えるようになってきました。

私は大学時代には、木材工学の学問に疑問を感じながら、また、将来に大した希望も持てない状態で、何か光明を求めながら過ごしていました。でも、なかなか簡単に見つかるものではありませんでした。大学院へ進学すれば多少なりとも光明が見えてくるのではないかと期待もしていました。

また、教員免許を取得し教職への進路も考えて、教育実習を東京都立園芸高校で理科と農業の免許取得のために経験しました。その後、この教育実習は私の進路に大きな影響を与えたことは間違いありませんでした。高校生達の前で話すことの快感を味わってしまいました。学生の目が私の方に集中し、私の話すことに一つ一つうなずく反応はたまらなく心地よいものでした。教職はなかなか捨てたものではないなと思えてきました。

そして、大学院へ進んだ時に、当時の山形大学教育学部助教授の山西謙二先生が私たちの農学部の木材加工学講座へ内地留学で研修に来ておられました。最初はなぜ教育学部の先生が農学部へ研修においでになったのか理由が分かりませんでした。尋ねて初めて分かったのです。教員養成学部に技術教育に関する研究室があり、そこでは中学校の必修教科「技術・家庭科」の技術分野を指導する技術科教員を養成するために、木材加工を修得しなければならないということが教育職員免許法に記してあるのです。このように教育学部において、私が農学部で専攻した木材工学のような分野も必要とされるのであることを初めて知ったのでした。

●大学教官へのスタート

東京都立園芸高校での教育実習や、山形大学教育学部の山西謙二先生との出会いなどから、私の進路に一点の光明が見えてきたような気がしました。ちょうど私が大学院一年生のときに一年先輩で林産化学講座の大学院生であった橘田《きった》紘洋《こうよう》さんが、愛知教育大の技術教育講座の木材加工担当教官として、就職されました。これが農学部から教育学部技術教育の木材加工教官へ就職した第一号でありました。

この橘田さんに続くことができれば良いなと思い、私は恩師の林大九郎先生に山西先生や橘田さんのような教育学部技術教育の木材加工を指導する大学教員への就職希望をお願いしました。ちょうど先生は東京教育大学教育学部芸術学科の木材関連授業の学内非常勤講師をしておられたようでした。そこには技術科教育法を担当しておられた阿妻知幸先生という方がおられ、新しくできた新教科「技術・家庭科」(昭和三十三年公示の中学校指導要領によって新教科誕生)の木材加工は、工芸的な木材加工よりは、工学的な木材加工の方が技術教育としては適しているとのお考えを、林先生へお話になっておられたとお聞きしています。

▲**指導教官の林大九郎教授**(左から二人目)

なかなか教育学部からの求人が来なくて、一年間は研究生で残ろうかと思っていた矢先の大学院修士課程終了間近の一月頃ではなかったかと思いますが、島根大学教育学部から助手の求人が来ているとの朗報が林先生から聞かされました。即座にお願いいたしますと返事をさせていただきました。しかし、大学教官人事は結構時間がかかるのが常であり、しかも当時は学園紛争のさなかでもあり、年度内に採用が決定するかどうか不安な状態でした。わざわざ島根大学教育学部技術・職業科の主任であった岡田三郎先生が面接に上京され面接を受けました。このあたりから採用の現実味が出てきたことは確かです。

そうなると、早速助手として採用されてからの学生指導が気

▲八ヶ岳演習林施設

◀演習林での測量実習と私

になりだしました。教育学部の技術教育の木材加工であるから、木材加工実習は必修科目であり、のこぎり、かんななどの木工具のみならず、木工機械もひととおり使用でき、各種の木製品が製作できる木工技術の習得の必要性が現実のものとなってきました。そこで、木材加工学講座におられた文部技官の千竈《ちかま》正治先生に木工実技の特別指導を受けて、採用されたときの準備に入りました。しかし、期間は短く、木工具の調整に始まり、板材加工、角材加工を手加工から機械加工へと、基礎基本から応用へ体系的に指導を受けることは、残念ながら不可能でした。しかし、当座の初歩的な木工技術指導を行うための自信となりました。

　採用人事の具体的な第一報は、教授会資格審査パスの知らせの電報でした。島根大学の岡田先生から恩師の林先生宛に電報が来ました。それを今でも大事に保管しています。この電報を受け取った時点から、私の教員養成のための木材加工教育を天職にする、四十年間の波潤万丈の挑戦がスタートを切ることになります。

●農学部での木材工学のカリキュラム

農学部での木材工学のカリキュラムは前述したように、木材の組織、木材の物理的・機械的性質などの木材理解の本質を学習したり、木材の回転削り、平削り、鋸断などの木材切削機構全般と、木材接着、木材乾燥などの木材加工技術を中心にカリキュラムが構成されていました。さらに、木材が生産される林業に関する講義、実習も行われていました。その中で、とくに八ヶ岳演習林での実習は合宿を伴い、林大九郎先生らの指導教官を交えての夜のコンパも青春の良き思い出となりました。このように木材工学のカリキュラムは川上(木材生産)と川下(木材利用)が体系的に構成されていました。

3　大学教官としてスタート

●松江に向けての旅立ちと、待っていた多くの授業

五月の連休明けの赴任でした。名古屋始発、出雲大社のある大社行きの急行「大社」号での赴任の旅は丸一日掛かりでした。夕方、松江駅に着いたときには、蒸気機関車の煙ですすけた、薄暗い寂しい駅舎が私を迎えてくれました。

そして、昭和四十五(一九七〇)年四月二十五日付けの「人事異動通知書　文部教官教育職(一)四等級採用四号俸を給する」の辞令をいただき、教育学部技術・職業科でいよいよ給料をもらっての大学教官の生活がスタートしました。当時、島根大学は学園紛争の最中で、助手も授業ができるようになり、私は前任者の木材加工に関するすべての授業を行なうことになりました。木材加工総説、木材加工実習Ⅰ、木材加工実習Ⅱ、木材加工実習Ⅲ、塗装演習、木材加工演習Ⅰ、木材加工演習Ⅱでした。その他に、家庭科の家庭工作、美術の木工実習、理科の理科工作の一部など、おおよそ教育学部での木材加工関連の授業はすべて担当しなければならない状況でした。当時は学科目「電気」には二名の教官と一名の技官、「機械」には三名の教官、「農業」には二名の教官と三名の農

夫さん、そして「職業指導」に教官一名が配属になっていました。「木材加工」（赴任当時は学科目「木材加工」はなく、私は「電気」に配属されていました）では私（教官一名）と技官一名でした。木材加工の助手一名でどうしてこんなに多くの授業をしなければならないのかと驚きました。

●給料分の仕事ができない!!

私の担当の授業は一つの講義ものを除けば、すべて実習や演習でした。木材加工の実習ができなければ仕事にならない状況でした。木材加工領域には技官がいて木材加工の実習は技官が行ってもらえるものと思っていましたが、残念ながら期待はずれでした。技官は単位認定権がなく、実習授業も教官の補助として共に協力して行うものでした。全面的に頼りにしていた私が甘かったのです。しかし、私の採用人事を進めてくださった研究室の教授の先生方も、技官が木材加工実習全般を協力してくれるものと期待をされていたようでした。

以前から心配していましたように、農学部木材工学専攻出身の私では、とても木材加工実習全般を行う力量はなく、この事態に教授の先生方は大変心配してくれました。当時、技術教育の電気や機械領域では実習を島根総合高等職業訓練校へ学生を派遣して教育させておられ、訓練校の校長先生らとの面識もあり、とても良い協力関係ができていました。この良好な関係を利用して、教授の先生方は私に職業訓練校木工科へ研修に行くように取り計らってくださいました。大学での前期の木材加工実習授業は後期に回し、前期の間に、基礎的な手加工の板材加工の実習授業ができるようにならなければなりませんでした。このような差し迫った状態で、早急に木材加工実技が指導できる技術を身につけねばならなかったのです。

●島根総合高等職業訓練校での修行スタート

五月下旬からだったと思いますが、職業訓練校へ朝の八時三十分からの始業に間に合うように、毎日自転車で通学しました。そして終業の四時ごろまでみっちりと木工実技習得の訓練でした。朝の朝礼では中学校を卒業した訓練校生二十名らと共に、安全手帳にある安全の心得の朗読を経験することもできました。普通教育とは異なった雰囲気の教育環境に、私としては、ある意味の新鮮さと緊張感を味わうことができ、しだいに興味を感じるようになりました。

学園紛争などの乱れた当時の大学教育から、大きく転換した職業訓練としての修行のスタートでした。この研修については、島根大学には何の公式な手続きもせず、いわゆるヤミで研修に出ることとなりました。このためか、研究室の教授の先生は、月一回の教授会には必ず出席して、新任の山下が勤務していることを教授会構成メンバーに見せておくようにとの、配慮あるアドバイスをしていただきました。

●人生を方向づけた杠繁先生との出会い

木工科の私の指導担当は杠《ゆずりは》繁《しげる》先生でした。この先生との出会いが私の人生を大きく方向づけ

▲島根総合高等職業訓練校での木工実習風景

◀帯状のかんなくずを削り出す杠繁先生

ることとなるのです。先生は木工技術(木製家具製作)の腕を持ち、理論的な解説もでき、卓越した訓練生の指導力をも併せ持った、まれに見る卓越した木工職業訓練指導者でした。かんなのこぎりで木を鋸断したりする、木材ひき材加工論。かんなが木を削る、木材平削り加工論などを、実地に私達の目の前で実技を行いながらやって見せ、解説してくださるのです。それは私のように大学で、座学を中心に机上で理論を学習してきた者にとっては、驚きの学習の場でした。目の前でのこぎりが切りくずを出しながら、軽快なのこぎりびき音で、実に正確に木が鋸断されていきます。また、かんなでは刃先の出の調整(突出量の調整)、裏金後退量の調整、裏金刃先角の調整、刃口距離の調整等々、見事な手さばき、腕さばきで調整を行い、目の前で向こう側が透けて見えるような、薄い帯状の連続的なかんなくずを出しながら、逆目ぼれのない、輝かんばかりの切削面を削り出す、見事な身体動作でかんな削りを見せてくれます。この場の学習は説得力と迫力のある、理論と実践の見事な融合の場でした。大学では平削りの切りくず生成は流れ型、折れ型、縮み型などの分類など、理論的な学習が中心となっていました。ここではそれらと実技が一体化しており、かんな削りしたかんなくずで、流れ型、折れ型、縮み型を切削条件を変えながら削り出してくれます。大学教育で学習した理論が、見事に目の前で一致していました。理論と実際の融合した学習の理想郷がここに存在したのでした。先割れ(逆目ぼれ)発生防止理論学習は手かんなが使えれば、見事に実体験型教材・教具として発生防止を実際に実施できます。これは木材切削論を学習する基礎であり、基本でした。

また、職業訓練課程の木工実技教科書には、整った形で体系的に木工技術の指導内容が構成されており、大学教育では知り得なかった世界を知ることができました。のこぎりびき、かんな削りなどは適当に見よう見まねの我流でやれば良いのではと、最初は誰しもが思うことでしょう。職人世界での学習は、うまい人の技を「盗む」ことが学ぶことでした。ですから、教科書はいらなかったのです。でも、職業訓練機関では限られた訓練期間で確実な技術を身につけないと、社会で生きていけないのです。したがって、効率良く技術を習得させて訓練を終了させねばなりません。徒弟制度のような教育システムでは職業訓練や学校教育での指導方法としては適しません。しかし、私は徒弟制度を全面否定しているのではありません。レベルの高い職業訓練や学校教育、高度な大学院では、今は徒弟教育的な指導の必要性が叫ばれています。

●目指すは、かんな博士!!

杠《ゆずりは》先生のかんなは魔法の道具でもありました。「山下君、よく見てなさい」。裏金の刃先角をこのように変化させると、こんな帯状に伸びたかんなくずが出てきますよ」。先生はかんなの仕組みや各部位の機能を、長年の体験を通して熟知しておられました。このように、私にかんなのマジックショーをたびたび見せてくださいました。

でも、なぜそのようになるの？　その角度は何度なの？　くず返し角度は何度なの？　といろいろ定量的な数値を聞いても、答えてはもらえませんでした。実技指導書を見ると概略の数値は記載されているものもありました。でも、その数値が最適な値なのだろうか。どのようなメカニズムで最適な機能を発揮するのか。いろいろな疑問に答えてくれる学術論文は皆無でありました。木工機械の切削機構に関する研究論文は日本木材学会でも結構発表されていました。当時（昭和四十五年ごろ）の産業界は機械化、自動化、システム化へと開発の矛先が向いていましたので、当然のことでしょう。しかし、道具の研究はこれらの方向に逆行するような研究対象でした。

ところで、当時の学校教育における中学校の技術・家庭科の技術分野の木材加工領域では、かんな削りは木材加工学習の中でも重要な学習内容でした。大学の教員養成学部に奉職し、木材加工を担当し、将来の中学校・技術の教師を養成する者にとって、かんな、かんな削りの機構を研究解明することは木材加工教育において、最も必要なことであると確信するようになりました。

4　かんな削りの研究開始へ

●劣悪な研究環境からのスタート

島根大学に赴任する前に、恩師である林大九郎先生からは、農学部から教育学部へ就職したのだから、教育学部らしい研究をしなさいと言われていました。このような恩師のアドバイスもあり、新天地での研究テーマは教育学部らしいテーマに絞らねばと考えていました。とはいっても修士論文の研究テーマは木材切削であり、工学的手法を習得してきた私にとっては、教育学をベースにした文系の研究などできるはずがありません。しかし、木工具のかんなは、中学校の技術教育では必修の教材であり、この木材切削のメカニズムを解明することは教育科学分野として十分に意義あるものと考えていました。

そして、私の前任者は美術の出身の方で、おおよそ工学とは無縁な方でした。科学技術的な研究に必要なデータを得るための測定器具は、一切ありませんでした。しかし、木工実習に必要な木工具、木工機械や工作台は木材加工実習室には、かなり充実していました。私は博士号を持たないで島根大学に赴任してきましたので、いち早く研究できる体制づくりが必要でした。島根総合高等職業訓練校での約一年間の研修を終えて帰ってきてからは、研究テーマは「かんな」と決めていました。しかし、かんなの何を研究テーマとするかは具体的には絞れていませんでした。漠然とかんなでした。

訓練校の研修では、仕込み角の決まったかんなを与えられて、台直し、かんな身と裏金の研磨をして木を削りました。なぜ、この仕込み角のかんなが使用されるのか。訓練校の教科書には木の固さによって、仕込み角が変わると書いてあります。

そこで最初は、仕込み角度をいろいろ変化させてみるところから研究をスタートさせました。現在使用されている、汎用かんなのかんな身の仕込み角(切削角)をいろいろ変化させたら、かんな削りの木の表面はどのように変化するのだろう? こんな素朴な疑問からのスタートでした。多くの先人の経験則で、最適な適正条件が求められ、現在のような完成されたかんなが誕生したのでしょう。

一昔前の建築大工、指物大工は削ろうとする木材の固さなどを見極めて、仕込み角(切削角)を決めながら自分でかんな台を掘っていたと言われていました。この一昔前の大工になった気持ちで、仕込み角度をいろいろ変化させて被削性、切削面性状などを調べるような実験から開始しました。かんな台の荒堀は角のみ盤で行っていました。しかし、かんなで削った木材切削面性状を測定するにも、工学的に木材の切削表面を定量的、定性的に測定する「表面粗さ計」があるわけではありません。せめて、木材切削面に斜めから光源を当てて、凹凸、毛羽《けば》の発生状況を接写写真撮影する初歩的な研究からのスタートでした。とても学会で発表できる内容のものではありませんでした。

しかし、このような研究を続けながら毎年の研究費から表面粗さ計を購入する準備をしていきました。

●金工用フライス盤が欲しい!!

表面粗さ計を購入して表面性状を測定することはできても、毎回のかんなを使用しての実験では、一定のかんなくず厚さを設定することは極めて困難でした。また、かんなではかんな台を押さえる力、引く力などを一定にして削ることも不可能でした。

▲欲しかった金工用フライス盤

このように考えると、削る条件、すなわち切削条件を精密に設定できる金工用フライス盤が必要となってきました。金工用フライス盤の構造に近いのが角のみ盤でしたので、角のみ盤を代用させて木材切削試験器を製作しようかとも思いましたが、角のみ盤を実験機器にしてしまうと、木工品の製作実習である木材加工実習の授業ができなくなってしまいます。表面粗さ計の次には、早急に金工用のフライス盤を購入する準備を進めました。もちろん科学研究費の申請も行いながら、徐々にではありますが研究体制を整備充実していきました。

金工用フライス盤は、実は恩師の林大九郎先生の研究室で合板製造に必要な単板を製造する単板切削実験装置として、学生や大学院生の研究に使用していましたので、私にとりましてはなじみの機械でした。このフライス盤を応用した単板切削実験装置を改良すれば、かんな木材切削実験装置ができると考えていました。

●逆目で、一枚刃切削実験の開始

いよいよ小型ではありますが、金工用フライス盤を購入することができ、実験用の刃物だけをフライス盤のコラム(支柱)に金属製のアームを取り付け、その先端に任意の切削角で刃物を固定することができるようになりました。しかし、このときはまだ裏金、刃口などの設定はできなかったので、実際のかんなの切削条件を満たすことはできませんでした。

しかし、最も基本的な一枚刃で正確な切り込み量の設定や切削角の設定などを自由にできるようになり、最低の研究環境が整いました。いよいよ、木材切削実験を開始するにあたり、既存の研究にない木材切削実験条件を設定しないとオリジナリティーのある研究にはなっていきません。日本木材学会のいろいろな研究発表や論文を調べても、木工機械を前提とした回転削りや仕上げかんな盤などの機械加工用の切削条件での、木材平削りの研究報告は随分豊富にありました。当時は切り込み量が十分の一ミリメートルのオーダーのもので、繊維傾斜角が〇《ゼロ》度、または順目切削が主流でした。

金属切削、プラスチック切削などとは違って、木材切削の最も特徴的な点であり、解決しなければならない重要課題は、木材繊維細胞の傾斜によって生じる逆目切削であると、私は職業訓練校でのかんな削りで痛感していました。このような経験から、逆目切削で、切り込み量はかんな削りを想定した百分の一ミリメートルのオーダーの切り込み量で行おうと覚悟を決めていました。

最初に、実験を行った木材切削条件は以下のようでした。繊維傾斜角〇《ゼロ》度、五度、一〇度及び二〇度。被削材は、針葉樹の代表としてのヒノキ、広葉樹の散孔材のブナ、環孔材のケヤキ。逃げ角一〇度。刃先角三〇度。切り込み量は〇・〇二、〇・〇三、〇・〇四、〇・〇五、〇・〇六、〇・〇八及び〇・一〇ミリメートル。これらの条件は、最も一般的なかんなの荒仕上げ、中仕上げ、上仕上げ削りの切削条件を設定したものです。そして、逆目削りで発生した逆目ぼれの水平長さの値を一つ一つ実体顕微鏡をのぞきながら測定する、根気のいるものでした。

でも、この裏金や刃口のない状態での逆目ぼれの発生した大きさ(水平長さ)の測定は今後、裏金や刃口を備えた実際のかんな切削における逆目ぼれ発生防止の効果を定量的に究明する最も基準になるもので、極めて重要なデータとなっていきます。このように最初から裏金を備えたり、刃口を備えることのできない不十分な研究環境が逆に不幸中の幸いとなり、このような基本的で重要な条件下で、まず最初の実験データを得ることができました。

●岩波新書『大工道具の歴史』出版が追い風に!!

最初のかんなによる木材切削実験ができるようになったころの昭和四十八(一九七三)年に、岩波新書で『大工道具の歴史』(村松貞次郎著)が出版され、大好評となりました。もちろんこの著書の中にはかんなが登場します。建築史の立場から執筆されたこの本の出版を機に、ちょっとした大工道具のブームがおきました。多くの日本の読者が本書を読み、それなりに当時の日本人の心に大工道具がインパクトを与えたのでした。前近代的と思われる大工道具のすばらしさ、日本の木工文化の価値を高めてくれました。さらには、日本の大工道具や木造・木工技術の再認識の機運を高めてくれた心に残る名著でした。

▲私の研究を勇気づけた名著

かんなの研究を始めた私にとっては、この本から大きな勇気をいただきました。日本のかんなの木材切削機構を明らかにすることは、村松先生の本著にある研究に少しでも工学的な肉付けができ、それなりに大工道具の学術的意義の向上に貢献できるような気がしました。このように、私は価値ある研究をしようとしているのだと、勇気づけ励ましてくれたのが本著でした。そして、この著書が村松貞次郎先生を意識し始めるきっかけとなりました。

しかし、この本との出会いがきっかけで、それ以後数回、島根やアメリカのシアトルで直接先生にお会いすることになろうとは夢にも思いませんでした。

5　学会でかんな削りの研究発表

●日本木材学会での初めての研究発表

日本木材学会は、日本における木材科学を主体にした最大の木材総合学会（学会員数は約二千数百名）です。私達、全国の農学部において木材科学を専攻した者の大多数が入会し、学術研究発表の場としている学会です。さらには、全国にある林業試験場、木材試験場などの林業、木材に関する公設試験研究機関の研究員や民間木材企業の研究者らも会員となって構成されていました。しかし、当時は教育学部教官の会員数は極めて少数でした。

私は農学部在学中からこの学会へは入会はしていましたが、学会の全国大会で一度も研究発表の経験もなく、ただ単に月刊で発行されていた木材学会誌を購読していただけでした。しかし、大学教官となった今では、将来の「かんな博士」を目指して研究発表をしなければ研究論文を作成することはできません。したがって、投稿論文が審査される権威ある学会誌へ投稿するためには、学会の研究発表は欠くことはできませんでした。

昭和四十七（一九七二）年に初めて日本木材学会全国大会（東京農業大学）において、「手鉋における切削」と題する研究発表をすることになりました。この発表内容は、手で掘った自作による、各種の仕込み角(切削角)のかんな台を使用しての稚拙な内容の研究発表でした。しかし、今後の長い島根大学での研究者生活を考えると、若いうちの怖い者知らずの段階でのデビューが必要でした。もちろん、島根大学には私の指導教授はいません。私と卒業研究で協力してくれた学部生(当時は大学院・教育学研究科はありませんでした)の土山球一君(私が直接指導した第一号の卒論指導生)との共同研究発表でした。今から思うと指導教授の林大九郎先生の指導を受けないスタイルでの全国大会デビューは大変な冒険をしたものだと、怖い者知らずであった私を思い出しています。当時、もし林大九郎先生に相談をしていたら、研究発表を辞めろと言われたに違いありません。

●私の幸せ、学会での冷ややかな質問から

日本木材学会での第二回目の研究発表は昭和四十九年(一九七四年)の東京家政大学での大会でした。その時の私の研究発表の主題は「木材切削における平削りの研究(第一報)」で、副題として「繊維傾斜角が裏金の後退量及び刃口距離の効果におよぼす影響」でした。そして、発表の主な内容は逆目ぼれの発生を防止するための有効な裏金後退量を求めたものでした。しかし、この発表に対して、会場から一生涯忘れることができない質問がありました。

会場での質問は以下のようでした。「裏金の逆目ぼれ発生防止のための適正値は、すでに解明されていますが、今更なぜこのような研究を行う必要があるのですか」と言う内容の質問でした。

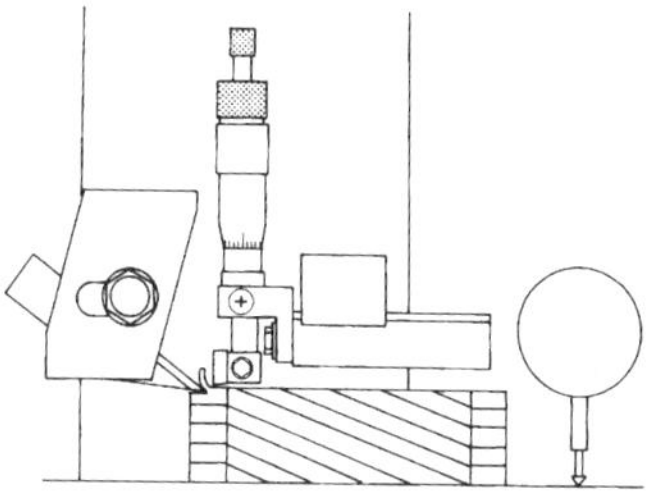

▲図 1　かんな削り実験装置

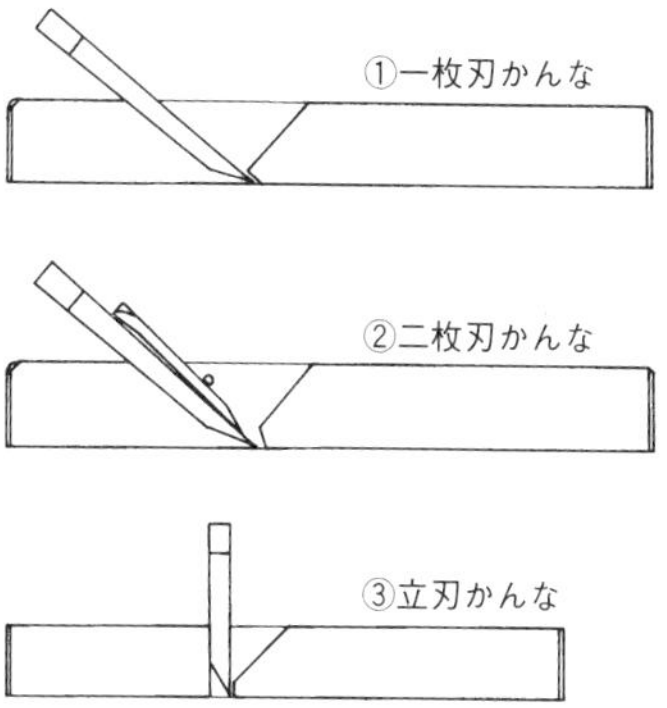

▲図 2　研究対象とした 3 種類のかんな

すでに解明されているとした根拠は以下の点でした。すなわち、当時の木材加工学のバイブルとも言われた書物に森北出版の『製材と木工』があり、その中に確かに裏金(裏刃)の適正値が述べられていました。質問をされた方はこれをよりどころとして質問をされたのでした。

しかし、この逆目削りにおける適正値は機械加工(超仕上げかんな盤)を前提にしたものでした。私が行う研究は、あくまでも「手かんな」についてであり、機械加工の超仕上げかんな盤を対象にしたものではありませんでした。手かんなにおける平削りと超仕上げかんな盤における平削りの根本的な相違点はかんなくずの厚さ、すなわち切り込み量です。手かんなの切り込み量は超仕上げかんな盤の二分の一以下で、極めて薄いのです。

書物の『製材と木工』に示されている、裏金の適正値を求める公式にあてはめてみると、有効な裏金後退量の適正値は手かんなの中仕上げで一般的に使用されている切り込み量の○・○四ミリメートルの場合では○・○二ミリメートル〜

〇・〇四ミリメートルとなり、手かんなではこのような百分の一ミリメートルの超微小な裏金後退量のセッティングは不可能な数値になってしまいます。当時の学会では超仕上げかんな盤も手かんなも同じ原理で平削りが行われるとの見方が大勢でありました。また、学会員の大勢を占める大学教官、試験研究機関の研究員らは、日本が世界に誇る歴史的大型木造建築物などに代表される「白木の文化」の偉大さと優秀さを認めながらも、白木の文化を築いてきた手かんなを研究対象とせず、また、自分でかんなを使用できる技術を習得しようともしてこなかったのです。しかし、このことが私にとっては本当に幸運でした。かんなを研究する競争相手が学会内にいなかったのです。

当時の産業社会では機械化による自動化と効率化を求めて、大きな変革の時期でもありましたので、日本木材学会の切削加工に関する分科会の潮流も機械加工中心の研究発表が主でした。したがって、私の手かんなの研究はその機械化、自動化の流れに逆らうようなものであり、その研究の意義を認めてもらえませんでした。

このように学会では誰も手をつけなかった分野で、しかも、世界に誇る日本の白木の文化を築いてきた主役でもある「手かんな」が未研究課題として残っていたことは、私にとっては本当に幸せでした。

●学会での逆境にもめげず

産業社会での手かんなの評価はともかくとして、中学校技術・家庭科技術分野の木材加工の学習内容では必ずかんなが含まれており、この教具としてのかんなの木材切削機構を解明しておくことは、教員養成学部の教官としては当然の責務と考えていました。そして、義務教育で日本の子ども達全員がかんなを学ぶことの重大さを考えれば、教育現場の中学校技術科の教員を養成する私達教官は、かんなについては科学的、技術的にも熟知して、十分にかんな削りができなければならないと強く考えていました。

さらにまた、島根総合高等職業訓練校で出会ったすばらしいかんな削りの妙技に魅せられた私は、学会で何を言われようと真一文字にかんなを研究し尽くして、教員養成学部の「かんな博士」をめざす意志をますます強くしていきました。

従来、日本木材学会の切削加工分野では切削抵抗(木材を削るときの力に相当)、切削面粗さを中心とした面性状、刃物刃先の摩耗量、騒音測定などを中心とした定量的、定性的な測定が一般的に行われて、木材切削の研究が展開されていました。私はこれらの先行研究を参考にして、新たな視点としては「切りくずの排出」を取り上げました。それというのも、良好なかんな削りであるかどうかは削り出されたかんなくずの形状によって診断されてきていました。また、刃づまりを起こして、かんなくずが良好に排出されない場合には、かんな削りした面性状は決して良くありません。

このことは経験則では一般的に認められていたことでしたが、しかし、定性的な実験結果としては誰も研究を行って来ていませんでした。

このような貴重な視点を気づかせてくれたのも、職業訓練校での研修でした。このように切りくず排出という研究の新たな視点と、切りくず排出に伴う切りくず形成と切りくず形態を関連づけ、切削抵抗、切削面性状と共に三本柱でかんな削りの研究を継続していくことにしました。切削抵抗のデータや切削面性状の粗さと逆目ぼれのデータは定量的に測定でき、切りくず形態と排出は定性的なデータとして測定ができるようになりました。

そこで、裏金を備えない一枚刃かんな、裏金を備えた二枚刃かんなを想定して体系的で総合的な手かんなの平削り実験計画を確立することができました。さらには、シタンやコクタンに代表される、硬木を材料とする雲州そろばん製造時に使用する立刃《たちば》かんなの平削りを加えた、三部門で切削実験を実施することとなりました。これらのかんな削り現象(先割れの発生と逆目ぼれ発生や切りくず排出など)を視覚的に記録し、分析するための映像を動画で撮影する準備も進めて行くこととなりました。当時では八ミリフィルム(一秒間に六〇コマ)撮影機の時代でしたが、次にはビデオ撮影、さらにはハイスピード・ビデオカメラ(一秒間に五〇〇コマ)による撮影へと時代が進歩するにつれて撮影機材が進化し、かんな削り切削現象の解明が進んでいきました。

6　髪毛《カミゲ》とかんな台の刃口距離

●一枚刃かんなの研究から

現在では、裏金を使用した二枚刃かんなを使用することが一般的となっており、裏金のない状態でかんな削りを行うことは想像がつきません。しかし、木材切削論からすれば、裏金を使用しない一枚刃かんなによる平削りは基本中の基本で、平削りの木材切削論を体系的にまとめるためには、一枚刃かんなによる木材切削論から開始しなければならないことは自明の理です。

ご承知のように、二枚刃かんなの裏金は逆目ぼれの発生を防止するためのものであり、裏金の刃先角は鋭利な角度(五〇～六〇度)ではありません。この裏金が発明される以前にはどのようにして一枚刃のかんなで逆目ぼれの発生防止を行ってきたのか、誰しもが素直な疑問を持つことでしょう。

こんな初歩的な疑問から、さまざまな探求心が目覚め、各種の文献調査に熱がこもってきました。しかし、最も頼りとなり、職業訓練校が教科書として使用している雇用促進事業団発行の木工技能に関する教科書には、一枚刃かんなの切削条件は記載されていません。刃口部分の名称として、刃口、木片返し(木端返し)、切削角の名称は述べられておりますが、数値は全く記載されていません。二枚刃かんなの各部の名称とそれらの適正値は示されています。

学生時代に木材切削論を学習してきた私にとりましては、刃口距離が逆目ぼれ発生防止に大きく影響を及ぼすであろうという推論は容易にできました。この刃口距離の逆目ぼれ発生防止の適正値はいくらであるかが、私の興味の的となったのです。

●『和漢船用集』からの研究ヒント

村松貞次郎先生の『大工道具の歴史』(岩波新書)は、私に多くのかんなに関する文献を教えてくれました。『春日権現験記絵巻』、『和漢三才図会』、『和漢船用集』、『石山寺縁起絵巻』、労働科学研究所編『わが国大工の工作技術に関する研究』などでありました。このような古典とも言える文献を読むことによって、温故知新で研究上の数多くのヒントを得ることができました。このあたりから科学技術を歴史的にとらえることにも興味を覚えていきました。

とくに、一七六六(明和三)年の金澤兼光によって著された『和漢船用集』にある一文が、私の一枚刃かんなへの興味を倍加させました。「麁鉋《アラカンナ》は釿《テヲノ》の跡・鋸《ノコギリ》の跡を削《ケヅル》者、台の孔口廣《ヒロ》く明たる者なり。中鉋は其上をケズリ削口少し明たる者、上鉋は又其上を削《ケヅル》者、台の口の髪毛《カミゲ》のごとく明たる者也」の中の「台の口髪毛《カミゲ》のごとく明たる者也」が私を引きつけたのでした。すなわち、荒仕上げかんな、中仕上かんな、上仕上げかんなそれぞれ刃口の距離が異なり、仕上げの程度が上がる程、かんなの刃口距離が小さくなって行くことを述べているのです。

「髪毛《カミゲ》」とは極めて少量であることの表現でしょう。では、いったい定量的にはどれだけになるのか、何ミリメートルなのか？　何ミクロンなのか？　知りたい、調べたいとの好奇心が私を実験へと進めました。

●刃口が「髪毛のごとく」とは何ミリ間隔なの？

刃口距離とは厳密には、水平方向と垂直方向の二方向が考えられます。垂直方向はかんな身刃先の突出量、すなわちかんなくずの厚さにほぼ相当した量になります。上仕上げかんなのかんなくずの厚さは〇・〇二ミリメートル程度と言われていますが、逆目ぼれを顕著に発生させながら、その発生防止効果を検証するために、本実験でのかんなくず厚さ(切り込み量)を〇・〇四ミリメートルとしました。そして問題は水平方向の水平刃口距離です。

まず、手始めに〇・五ミリメートルの水平刃口距離をセットしてみました。そしてヒノキで逆目切削(繊維傾斜角五度と一〇度)を試みてみましたら、極めて大きな先割れが発生し、母材を大きくえぐり、逆目ぼれが肉眼でもはっきり認められる大きさで発生してしまいました。すなわち、〇・五ミリメートル以下に設定しないと逆目ぼれは小さくならないことが、ここで判明したのです。その後は、順に水平刃口距離を小さくして行き、その都度、順に逆目ぼれは小さくなっていきました。ついに、日本人の平均的な髪毛の太さの〇・〇八ミリメートルに最も近い、本実験精度の最小値〇・一ミリメートルに挑戦することとなり、この微少な水平刃口距離ならば逆目ぼれも防止できるであろうと、期待に胸をふくらませての切削実験を行いました。

　ところが削った切削面をよく観察するとまだまだ逆目ぼれが認められるではありませんか。これは困った。その後の一ミリメートルの百分の一ミリメートルでの水平刃口距離(H)の設定は本実験装置の精度的な信頼が持てません。したがって、水平刃口距離は○《ゼロ》に設定することとしました。水平刃口距離がゼロと言うことは、完全にかんな刃口を閉じてしまうことではありません。垂直刃口距離はかんなくずの厚さ○・○四ミリメートルの隙間が確保されているのです。

　さて、いよいよ水平刃口距離○《ゼロ》の逆目切削です。先割れを発生せず、逆目ぼれが完全に防止され

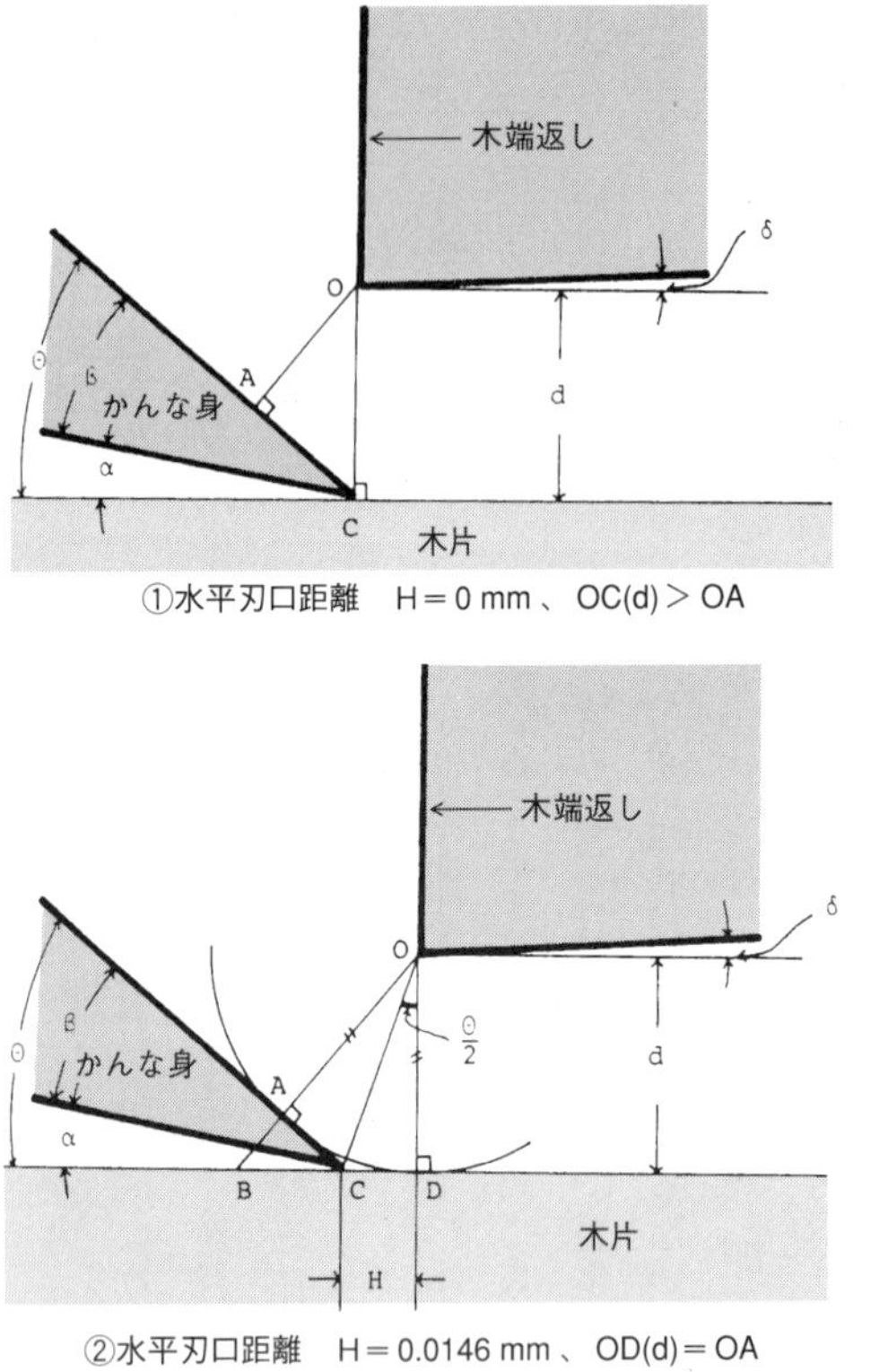

①水平刃口距離　H＝0 mm 、OC(d)＞OA

②水平刃口距離　H＝0.0146 mm 、OD(d)＝OA

▲図 1　垂直・水平の刃口距離の関係
d は切り込み量、α は逃げ角、β は刃先角、Θ は仕込み角

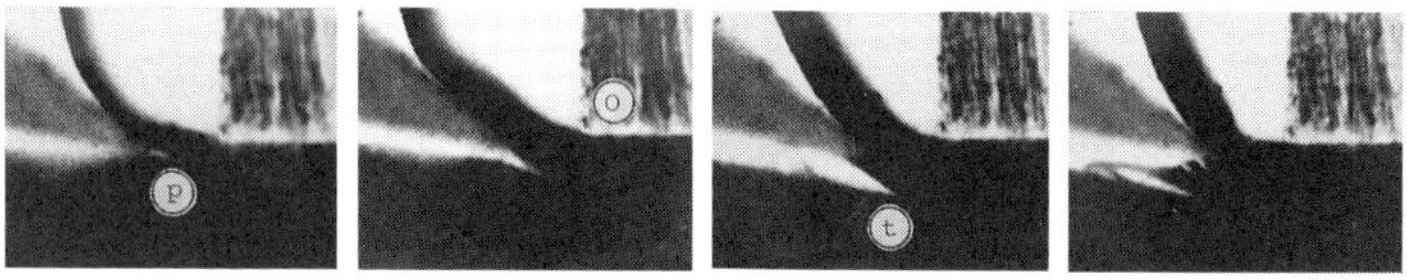

(1)　(2)　(3)　(4)

A　水平刃口距離が大きく、逆目ぼれが発生

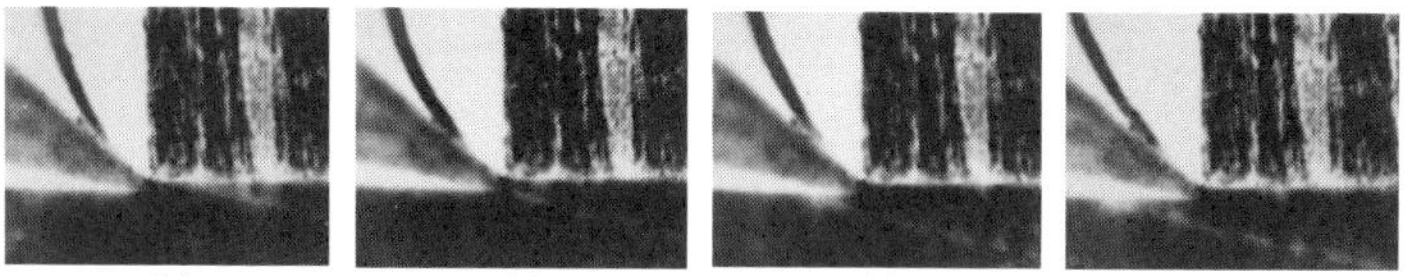

(1)　(2)　(3)　(4)

B　水平刃口距離がゼロで、逆目ぼれの発生がない

▲図 2　水平刃口距離と逆目ぼれ

て、うまくかんなくずが排出されるのか、興味津々でした。削り終えて後の切削面を食い入るように眺めましたら、ほとんど逆目ぼれは認められませんでした。ついに突き止めたぞ!! と言う気持ちでした。

金澤兼光の「台の口髪毛のごとく明きたる者也」とは、水平刃口距離〇《ゼロ》ミリメートルで、垂直刃口距離はかんなくずの厚さ相当であることを突き止めることができました。

かんなの刃口の複雑な関係を理解していただくために、それぞれの記号を、図1の①と②で説明をしておきましょう。図1の①では、水平刃口距離(H)は〇《ゼロ》ミリメートルで、OC(d)>OAとなり、切りくずが排出時に、木端返しの角《かど》(O)で圧縮される状態を表しています。しかし、逆目ぼれの発生を完全に防止できます。図1の①のOCと②のODは垂直刃口距離を表します。図1の①は水平刃口距離が〇《ゼロ》で、図1の②は切り込み量d(OD)とOAが等しくなる。すなわち、切りくずが排出時に圧縮を受けない時は、水平刃口距離Hが〇・〇一四六ミリメートルであることを表す図です。

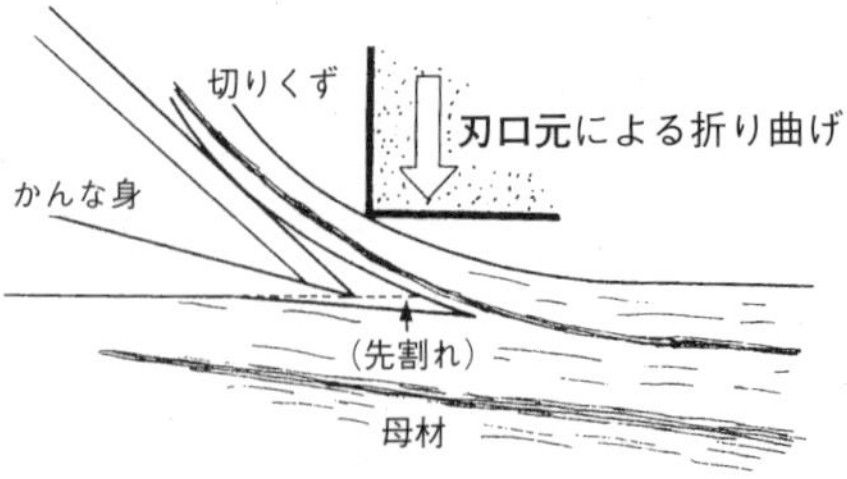

▲図 3　水平刃口距離と先割れ発生防止

●刃口と先割れ発生防止

水平刃口距離を○(ゼロ)にすると逆目ぼれ発生を防止できることが判明しましたが、先割れから、この逆目ぼれ発生防止のメカニズムを図3に表してみます。

すなわち先割れの進展を刃口で切りくずを折り曲げることによって、先割れ長さを短くし、母材内への先割れの進入を防止して、逆目ぼれの発生を止めたり、小さくするのです。

7　中空を舞う削り華

●かんなくずが削り華

一枚刃かんなで木を削ったときの切削抵抗、削った後の切削面性状を測定評価することは切削加工の基本でした。そして、回転削り、鋸断、単板切削などの木材切削研究の常道でもありました。

しかし、日本のかんな削りにおいては、何と言っても多くの人たちを魅了するのは、薄くて長くて、帯状に伸びた連続的なかんなくずがかんな台のくず出し口から、フワフワと中空に舞いながら出てくる様でした。魔術のような日本のかんな削りです。とくに、外国人にとっては日本の大工道具の技術美を見たように、歓声とどよめきが起きるのは必至です。

このような世界に誇るべき、見事な日本のかんなくずがどのように形成され、排出されてくるのかを、どうして木材科学者は研究対象にしてこなかったのか。日本の木材並びに木材加工の研究者は、このように世界に誇るべき木工技術を研究対象として、日本独自の木工文化のすばらしさを研究し、世界に誇ろうとしなかったのか。私はそれが不思議でなりません。

私はこのような日本のかんな削りの技術美を、島根総合高等職業訓練校での研修で、偶然にも見

▲「削り華」を咲かせる筆者のかんな削り

▲帯状にまっすぐ伸びたかんなくず（削り華）とかんな

ることができました。そうだ、私はこのすばらしい日本のかんなくず、「かんなくず」と呼ぶには恥ずかしい、「削り華《ばな》」と別名で呼ばれているように、この「削り華」がどのように形成され排出されてくるのかを研究対象としよう!! そして、かんな削り実験での測定項目は、①切削抵抗、②切削面性状（表面粗さ、逆目ぼれ長さの測定）、③切りくず排出の三項目と決定して研究を行いました。この三番目の切りくず排出は木材学会では、従来誰も手をつけていなかった新たな研究の視点でした。

●まっすぐ伸びたかんなくずと「くず返し角度」

切りくずは通常のかんな削りでは、カールした状態でかんな台のくず出し口から排出されてきま

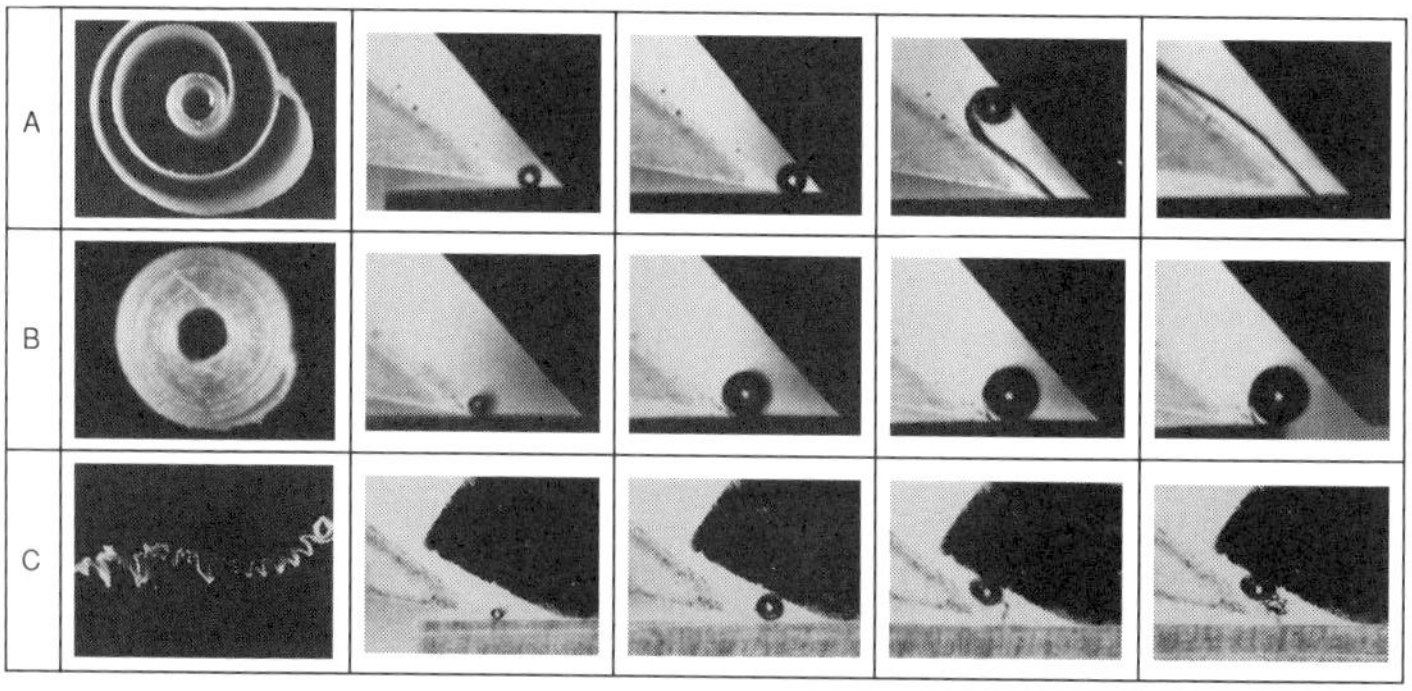

上段は切りくず排出が良好な状態
中段は水平刃口距離が大きすぎて切りくず排出不可能
下段はくず返し角度が小さくて切りくずが詰まった状態

▲図 1　一枚刃かんなによる切りくず形成と排出状態

す。しかし、これが帯状に伸びた状態でかんなくず(削り華)が排出されるためには何らかの原因があるはずです。

私の実験では、常にかんな削りの状態を側面から観察しながら、動画撮影をしてきましたので、自然とかんな台の刃口を構成する「くず返し」がカールしたかんなくずを平らに伸ばす作用をしていることが推察できました。四十三～四十八ページの前項では、刃口を形成しているくず返し角度は九〇度ですが、切りくず排出実験では三〇、四〇、五〇、九〇、一二〇度と変化させました。すなわち、内側へカールしたかんなくずを反対の外側へ伸ばすには九〇度以下のくず返し角度が必要になってきます。しかし、角度があまりにも小さくなりすぎると切りくず排出に障害が出てきます。このような、刃物すくい面とくず返し角度、水平刃口距離などの幾何学的関係において、切りくず排出の適正値を求めることが必要になってきました。さらに、切りくず厚さの剛性や切削速度(かんな削り速度)によって、切りくずがまっすぐに伸ばされるか否かが決まります。

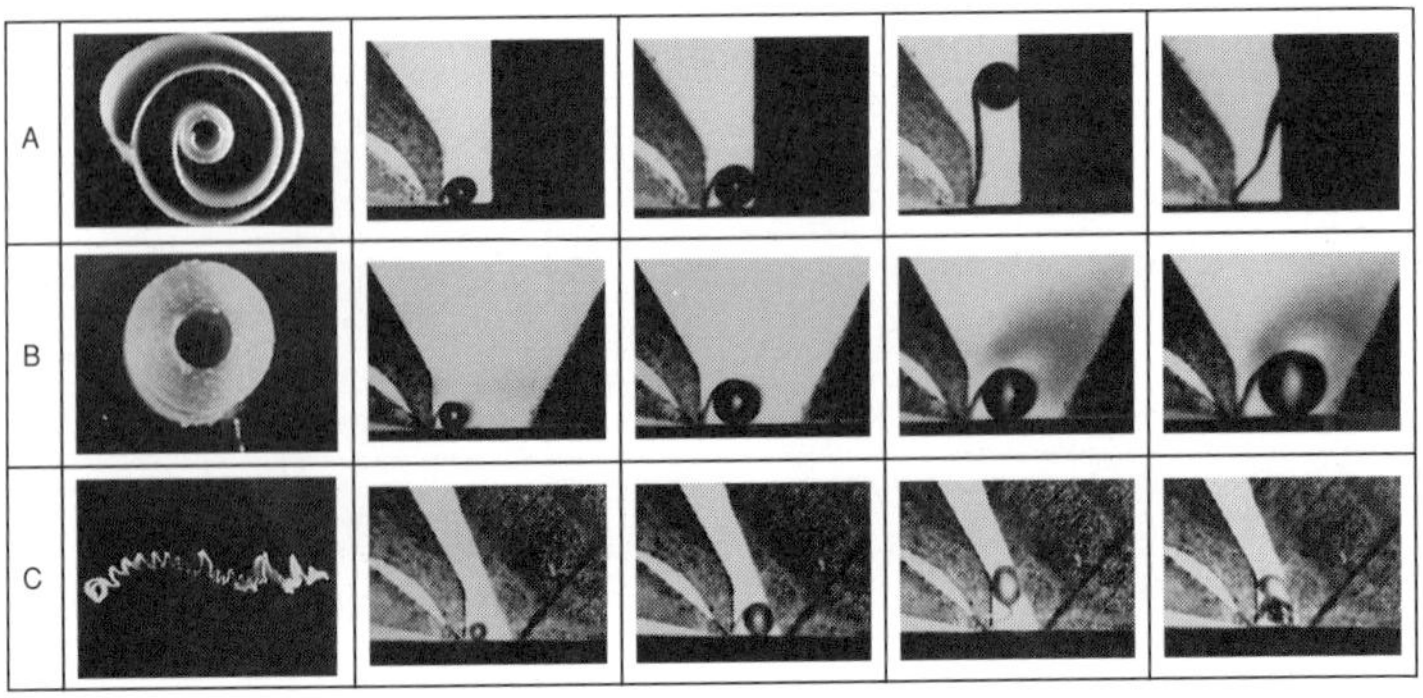

上段は切りくず排出が良好な状態
中段は水平刃口距離とくず返し角度が大きすぎて切りくず排出不可能
下段はくず返し角度が小さくて切りくずが詰まった状態

▲図 2　二枚刃かんなによる切りくず形成と排出状態

一枚刃かんなと二枚刃かんなにおける切りくず形成と排出状態を図1と図2に示します。いずれも上段は切りくず排出が良好、中段は切りくず排出にくず返しが機能しない場合、下段は切りくず排出が不可能(刃づまり状態)を表します。それぞれ上段のくず返しが十分に機能した場合に、伸びきった帯状のかんなくずが形成されてくる確率が高くなってきます。

●一枚刃かんなを基礎として二枚刃かんなの研究へ

一枚刃かんなのかんな削り機構の研究で、おおむね研究方法が確立でき、切削抵抗が小さく、削った面に逆目ぼれがなく、切りくずの排出が良好な最適な条件を見つけることができるようになりました。すなわち、一枚刃かんなでは水平刃口距離は〇ミリメートル、くず返し角度は五〇度が最適な条件となりました。

二枚刃かんなでは裏金が新たに加わり裏金刃先角、裏金後退量などの条件が新たに加わることになります。現実問題としては、現在は、この二枚刃かんなが一般的に多く使用されているので、この二枚刃かんなによるかんな削りの切削機構の研究の方が実用的と言えます。しかし、かんな削りの切削機構の基本と言えば、やはり一枚刃かんなによるかんな削り切削機構でしょう。

二枚刃かんなの切削抵抗、切削面性状、切りくず排出の三点における最適条件は裏金後退量〇・一ミリメートル、裏金刃先角五〇度、水平刃口距離〇・二ミリメートル、くず返し角度九〇度となりました。これらの最適条件は中仕上げ(機械刃物回転かんなで削った面を削る場合)や上仕上げ(光沢の出るような面を削る場合)に当てはまるものです。

●かんなくずからの診断

かんなくずは木材切削性能のすべてを物語る証拠品となります。すなわち、かんなくずの厚さ、形状を見れば、その人のかんな削り技能力を診断することができます。すでに、全国的に有名になっている「削ろう会」では数ミクロンの厚さで、母材(削る材料)形状にほぼ近いかんなくずを連続的に削り出す技を競っています。ここに参加される職人は、いずれも卓越したかんな削り名人級の方ばかりです。

ところで一般的に木工作業現場で、工作台下に落ちたかんなくずを見て、削り始めと削り終わりの位置を判断することが可能でしょうか。実は可能です。削り始めには次頁の写真に示すように、刃物すくい面、又は裏金刃先角で曲げ変形を受けたカールが必ず認められるのです。このカール

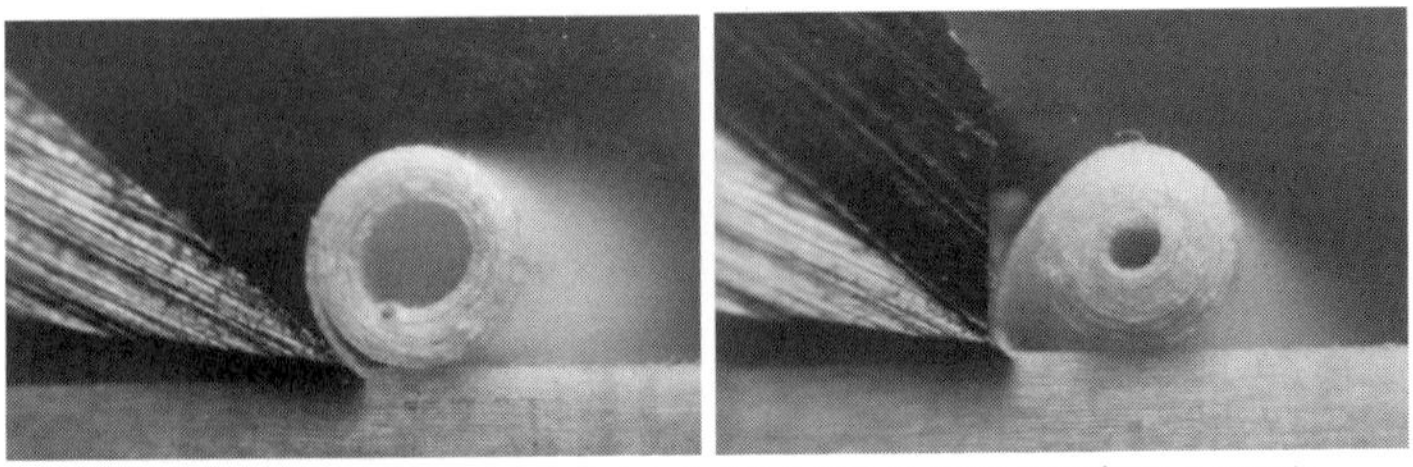

削り始めには小さくカールしたかんなくずの１次スパイラルが必ず認められます

▲１次スパイラルのかんなくず

を、私は論文の中で「一次スパイラル」と名付けました。削り始めには一回転又は数回転の一次スパイラルが必ず認められるのです。しかし、削り終わりにはこのような一次スパイラルは認められません。かんなくずをよく観察してください。

次には、かんなくずの面積と厚さむらは何を物語ることになるのかを述べてみましょう。完璧なかんなけずりにおいては、母材(削る材料)の表面積に近い形状のかんなくずとなります。かんなくずのカールした部分を伸ばして、母材表面上に重ねてみますと、ほぼ九〇%近く一致すれば大したかんなけずり技量です。この母材表面積比が低くなればなるほど技量が劣ることを証明します。このようにして、母材面積比でかんな削り技能診断ができます。

例えば、母材面積比が六〇%におけるかんなくず形状からは、かんな台を押さえる力のバランスの乱れを診断できます。すなわち、かんなくずが形成されないところでは、押さえる力が作用していないことを物語っています。このようにかんなくずからは、各種のかんな削り情報が多数含まれており、かんな削り技能診断を科学的に実施できるのです。

8 唐木《からき》削りの立刃《たちば》かんな

●かんな削りは縦削り、横削り？

一般的なかんなは繊維方向(木目方向・細胞の縦配列と同じ方向)に削ること、すなわち縦削りにより平滑な削り面をつくりだしていきます。しかし、一般的に使用するかんなでも、ちょっと木工の知識をお持ちの方は、木材の厚さを迅速に減らしたい場合には刃先の出(刃の突出量、すなわちかんなくず厚さ)を多くして、効率的に木を削る横削りを行います。しかし、この場合には削った面性状は決して良くありません。でも、目的の「早く、沢山の量を削りたい」場合には、この横削り(次頁写真参照)はとても便利で効率的な方法です。このようにかんなでは、木目方向に対して縦に削ったり、横に削ったりする両方法があることは興味深いことです。

なぜ、このようなことがあるのでしょうか。これは木材の強度特性に由来いたします。すなわち、木目の方向(縦)と木目に直交する方向(横)に引っ張ったり、曲げたりしてみますと、圧倒的に後者の方が弱いのです。このことを「強度異方性」と呼んでいます。身近な材料ではビニールひもがその良い例でしょう。縦、横に引っ張ってみると歴然と強さが異なります。

▲雲州そろばん製造に使用する立刃かんな

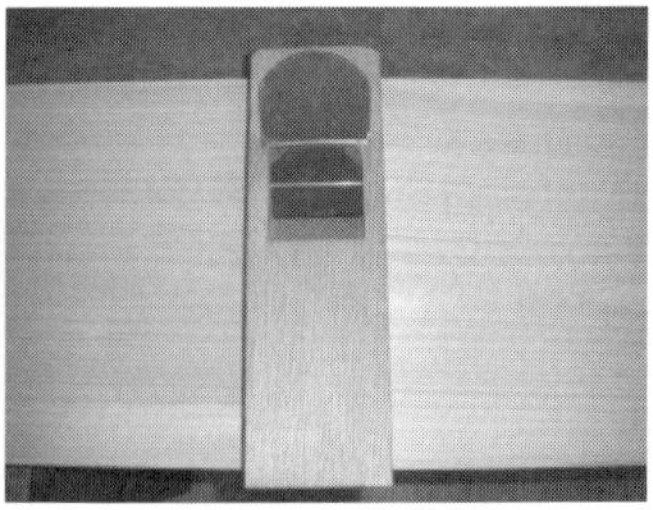

▲横削り

このように縦削りでは薄いかんなくずで、切削表面を美しく、滑らかにしたりします。そして、横削りではかんなくずが母材から分離されやすい特性をうまく利用して、厚いかんなくずを小さな力で効率的に削り出すことができるのです。

●九〇度に刃が立つ台直《だいなお》しかんな

一般的な木工作業で使用するかんなの仕込み角(切削角＝逃げ角＋刃先角)は四〇度前後の角度にしてあります。しかし、かんな台の下端面《したばめん》の調整に使用する台直しかんなの仕込み角は、ほぼ九〇度にしてあります。どうして？　なぜこのように大きな角度にしてあるのでしょうか？もし、仕込み角が一般的なかんなの四〇度前後の台直しかんなが存在したとして、このかんなでかんな台の下端面を横削りしたら、どんな下端面の状態になるのでしょうか。台直しかんなは横削りで使用します。もし、縦削りで台直しをしたらどうでしょうか？　きっと切削抵抗が大きくて削り難いでしょう。したがって、削りやすい、切削抵抗の小さい横削りで行われるのです。また、なぜこのように刃物(かんな身)が直角に立っているのでしょうか？　そして、横削りをするのでしょうか？

台直しかんな(切削角＝九〇度)はかんな台下端面を精度良く平面を削りだしたり、微少に高低差をつけなければなりません。このためには、切削抵抗が小さくて、切り込み量は極めて小さく削れることが必要です。このようなことをするためには、研磨に近い削りが適切と考えられます。そして、削った面の表面粗さの精度はさほど要求されません。かんなの下端面の水平精度が重要となります。

したがって、研磨紙の砥粒やスクレーパーに近い機能を持った、仕込み角(切削角)が九〇度の台直しかんなで横削りをすることが、かんなの下端面の台直しにとって適切な手段と考えられます。

●唐木《からき》を削る・立刃《たちば》かんな……縦削り

台直しかんなに構造や機構がそっくりのかんなに、立刃かんながあります。私は島根に赴任して来るまでは、この立刃かんなの存在を知りませんでした。島根県仁多郡奥出雲町横田は雲州そろばんの産地として、全国的に有名であり、雲州そろばんは経済産業省の伝統的工芸品に指定されている由緒ある産品です。この製造工程において、立刃かんなが使用されていることを、島根に来て初めて知ることができました。そろばんの枠は唐木のシタンやコクタンで作られています。この唐木は比重が〇・九以上で極めて硬く、切削抵抗が大きく、一般の二枚刃かんなでは削ることが困難な木材です。

熟練そろばん職人の伝統工芸士の資格を持っている人は、この唐木を立刃かんなで連続的な流れ

▲伝統工芸士・石原長蔵氏の立刃かんなけずり

型切りくずを形成させながらこの唐木を削る、見事なかんな削りの技を見せてくれます。この場合は、横削りではなく一般的に使用される、二枚刃かんなの場合と同じ縦削りです。私はこの技を見たときには信じられませんでした。よくもまぁ、縦削りでこのような流れるようなかんなくずが出て、すべすべしてきれいな削り面ができるもんだ!!

金属を旋盤、フライス盤などで削るときは、切削角が九〇度近くで削っています。このときは刃先角がかなり大きくて、かんな身の刃先角のように三〇度程度とは比較になりません。このような驚きが私を立刃かんな研究へ導いていったのでした。写真に雲州そろばん製造で使用する立刃かんなと雲州そろばん・伝統工芸士の石原長蔵氏の立刃かんな削りを紹介いたします。

●どうして、立刃《たちば》かんな仕上げが必要なの?

唐木の表面は、一般的に使用される二枚刃かんなと、立刃かんなで逆目削りをしたときには、どちらが逆目ぼれ発生防止に有効なのかが研究の的となりました。やはり、木材切削の最も重要な課題は、逆目切削でいかに逆目ぼれの発生を防止するかです。

とくに、唐木のような銘木は、切削面には表面粗さの高い精度が要求されます。もし、逆目ぼれが発生しようものならば、研磨で削り取る労力たるや、計り知れないものがあります。とくに、そろばん枠の最終的な仕上げ研磨は、ムクノキの葉を使用して、表面は繊細でにじみ出るような深みのある光沢を出させています。このような光沢は、よほど素地が良好に削って仕上げられていないと発生しません。そこで、立刃かんなでの削り面の高い表面粗さの精度が重要になってきます。

●どちらが逆目ぼれ防止に有効なの？

二枚刃かんなの裏金による逆目《さかめ》ぼれ発生防止の場合と、一枚刃の立刃かんなによる逆目ぼれ発生防止効果を比較実験を行ってみました。裏金後退量は最小でも〇・一ミリメートルにしか設定できません。最小切り込み量は〇・〇〇五ミリメートルにしました。

この実験結果を図(d＝切り込み量、Θ＝切削角、D＝裏金後退量)に示しますが、やはり切削角を九〇度以上にした場合の方が小さな逆目ぼれであるchipped grainの発生すら認められず、きれいな切削面を得ることができました。しかし、切り込み量を大きく〇・〇二ミリメートル以上にすると逆目ぼれ(chipped grain)の発生が認められてしまうので、小さな切り込み量で削ることが必要となってきます。

また、立刃かんな(without cap iron)でも切削角を六〇度と小さくしてしまうと、大きな逆目ぼれの発生が顕著に認められてしまいます。また、裏金で完全に小さな逆目ぼれを防止して、コクタンなどの唐木の美しいきれいな切削面を得ることは不可能であり、一枚刃で切削角九〇度以上の立刃かんなの優位性がここに証明できました。

［Ⅰ］一枚刃切削

Θ切削角＼切り込み量	0.005 mm	0.01 mm	0.02 mm	0.03 mm	0.04 mm
45°	○	×	×	×	×
60°	○	○	×	×	×
75°	○	○	△	△	△
90°	○	○	△	△	△
105°	○	○	△	△	△

［Ⅱ］二枚刃切削（Θ切削角＝40°，裏金刃先角＝50°）

D裏金後退量＼切り込み量	0.005 mm	0.01 mm	0.02 mm	0.03 mm	0.04 mm
0.1 mm	△	△	△	△	△
0.2 mm	△	△	△	△	×

○
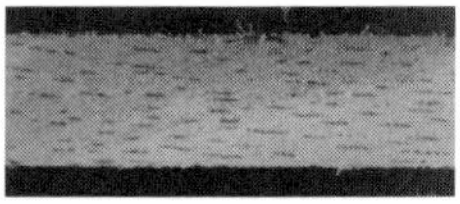
良好な切削面

△
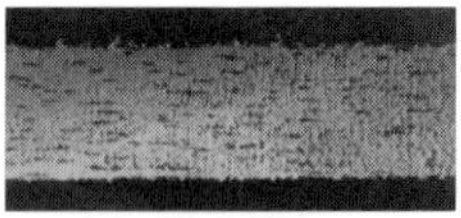
小さな逆目ぼれ発生

×
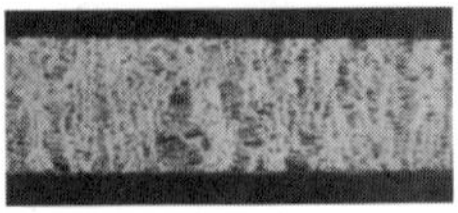
比較的大きな逆目ぼれ発生

▲立刃（一枚刃切削）かんなと裏金（二枚刃切削）の逆目ぼれ発生防止効果比較

9　私の研究は道具「かんな」

●赤ペン先生「福井尚先生」の論文書き指導

昭和四十五（一九七〇）年に島根大学教育学部に赴任して、すぐに島根総合高等職業訓練校での木工実技研修を終えてから、本格的なかんなの研究を始め、一枚刃かんな、二枚刃かんな、立刃かんなの三種類の平かんなのかんな削り機構を約十年間研究してきました。すなわち、それぞれのかんなの逆目削りにおける、逆目ぼれ発生防止の機構や逆目ぼれ発生防止の適正条件を求めてきました。その十年の間、データを蓄積しては、日本木材学会で口頭発表をしてきました。しかし、なかなか論文にまとめる機会がありませんでした。というより、論文にまとめる訓練を今まで受けてこなかったので、書けなかったのが事実です。文章書き、論文書きは下手でした。

このような未熟な私でしたので、何とか論文を作成できる指導を受けようと、恩師の林大九郎先生に内地留学の相談をしました。林先生は当時、（社）日本木材加工技術協会などの要職に就いておられご多忙を極めておられました。林先生は私の実家が岐阜でもあることから、当時の文部省内地留学制度を利用した留学先を、名古屋大学農学部林産学科木材工業機械学講座の福井尚教授の下へ出かけるようにご指導をいただきました。福井尚先生はもともと東京教育大学の助教授として、林大九郎先生と一つの講座で指導をしておられ、私が三年生のときに名古屋大学へ転勤されました。私も三年生までは福井尚先生からは木材加工機械などの授業を受けていましたので、まんざら知らない先生ではありませんでしたので、安心して先生の下へ行くことができました。このように名古屋大学でまた、福井尚先生の指導を受けることになろうとは、まさに奇遇でありました。

昭和五十一（一九七六）年四月からの内地留学での十カ月間はもっぱらデータをまとめ、論文書きに集中しました。文章書きの「いろは」から指導を受けました。私が下書きした原稿の文章の「てにをは」から懇切丁寧な添削を受けました。私の文章は冗長であり、簡潔に文章をまとめることができませんでした。しかし、福井先生の手にかかると、私とは別人の書いた文章のように、論理明快、文章簡潔で、なんと美しい論文に変身するのかと驚き、あっけにとられました。

このときの福井先生に添削していただいた論文原稿は、今でも大切に書庫に保管してあり、稚拙な私の文章への先生の添削方法は、その後の私の学生、院生への卒論指導、修士論文指導に大いに役立ったものです。

●「かんな」の研究は道具の研究だ!!

一通り、一枚刃かんな、二枚刃かんな、立刃かんなの三つの代表的な平かんなについての木材切削の研究も山をこして、学会誌にも論文を掲載できたあたりから、次の新たな問題意識が私の脳裏をかすめ始めました。

私は木材の平削り切削の研究をしていました。当時、木材切削の平削りは代表的な木材切削研究でした。私の恩師の林大九郎先生は平削りの単板切削が専門でした。そして、福井尚先生は木工機械用ののこぎりの鋸断切削が専門でした。私はかんなの研究にこだわりました。中学校の技術教育では木工具「かんな」は重要な教具でした。ですから、私はかんなで木材が削れる仕組み、すなわち、かんなによる木材の平削り機構の研究は、教育学部木材加工教育担当教官としては、極めなければならない大切な研究テーマでした。そして、かんなを「手」に持って、どのように動かしたら満足なかんな削り動作となるのか。かんなは「道具」ですので、手に持ってどのような身体動作を行えばよいのか。このようなことも研究しなければ、道具「かんな」の研究をしたことにならないのではないかと考え始めました。当時の木材切削の研究は、機械自動化、ロボット化へと進化していきましたが、しかし、私の研究は時代と逆行し、より人間臭い道具に特化したものへと向かいました。

●いよいよかんな削り「動作」の研究へ

さて、上手にかんな削りを行う身体動作(腰、肘《ひじ》などの動きや重心移動など)はどのように行えばよいのか、いつ、どのような力をかんなに加えればよいのか。これらは学校教育において、かんな削りを指導するに際し、とても重要なことです。しかし、いろいろな文献を調べても、「かんなは腰で引く」ということが、経験則でしか述べられていません。全く未知な研究分野でした。当時の木工技能書に書かれていることは、すべて経験則であったのです。科学的な研究成果に裏づけられた客観性を持った真理ではなかったのです。でも、当時の職人(技術者)は立派な仕事をやり遂げていたのですから、経験則からの真理は重要なものであります。しかし、学校教育の学習の場では、限られた学習時間で、効率よく技術を修得するための科学的な裏づけが必要となってきますので、この経験則を科学的に究明しておくことが必要となってきます。

そして、経験則の多い木工作業の身体動作指導法と比較して、スポーツ科学分野では極めて科学的な研究成果に基づいた指導法が確立され始めていました。この点、教育学部には保健体育研究室があり、運動生理学、運動学の先生や各種の実験、測定器具が揃っていました。とくに、私が注目したのは筋電計でした。筋肉が収縮すると微量の電流が流れて、いつ、どの筋肉が力を作用させているかを測定することができるのです。

また、技術教育研究室の電気講座には照明実験室といって、室内全体を真っ黒な塗料で塗ってある大きな暗室がありました。この中では、かんな削りを行う被験者の身体各部に豆電球をつけて、かんな削り動作をさせて、カメラのシャッターを開けっ放しにして撮影をします。すると豆電球の光の軌跡がかんな削りの身体各部の動きの軌跡となって表われ、腰の動き、肘の動き、肩の動きなどが明確に光の軌跡となって表わすことができました。これは光線軌跡法といわれ、当時では一般的な動きを測定する実験方法の一つでした。この原始的な測定法から、かんな削り身体動作の熟練者、未熟練者の測定を行い、熟練者の「うまい巧みな技」を身体各部の動きから定性的に究明することができました。そして、それらの熟練者のデータと比較して未熟練者の「未熟な技」の内容、すなわち、どこが、どのように下手な動きであるかを究明することができました。そして、筋電計により、身体各部の筋肉の放電状態から、いつ、どの筋肉が、どの程度の力を加えているかを測定することもできました。

●村松貞次郎先生の存在と竹中大工道具館

このような、かんなの木材切削の機構研究から、道具としてのかんな削り身体動作の研究へと進展していく過程において、すでに学会誌に掲載された論文の別刷りを研究仲間やお世話になった方などへ送っていました。その送り先の中に、竹中大工道具館を設立され、初代の館長に就任された村松貞次郎先生がありました。

村松先生は島根には時々おいでになり、島根県の文化財でもある、和鋼の「たたら」研究や、たたらに関する文化施設の指導や講演に来られていました。そして、光栄にも島根県庁職員の方の紹介で、松江市内で村松先生とお会いすることもでき、一緒に出雲そばの割子そばを食べたこともあります。

このように、雲の上の存在でありました村松貞次郎先生とお近づきになれ、その後も先生宛に論文の別刷りを送りますと、いつも私を励ましていただきました。工学部建築学科の建築史分野では

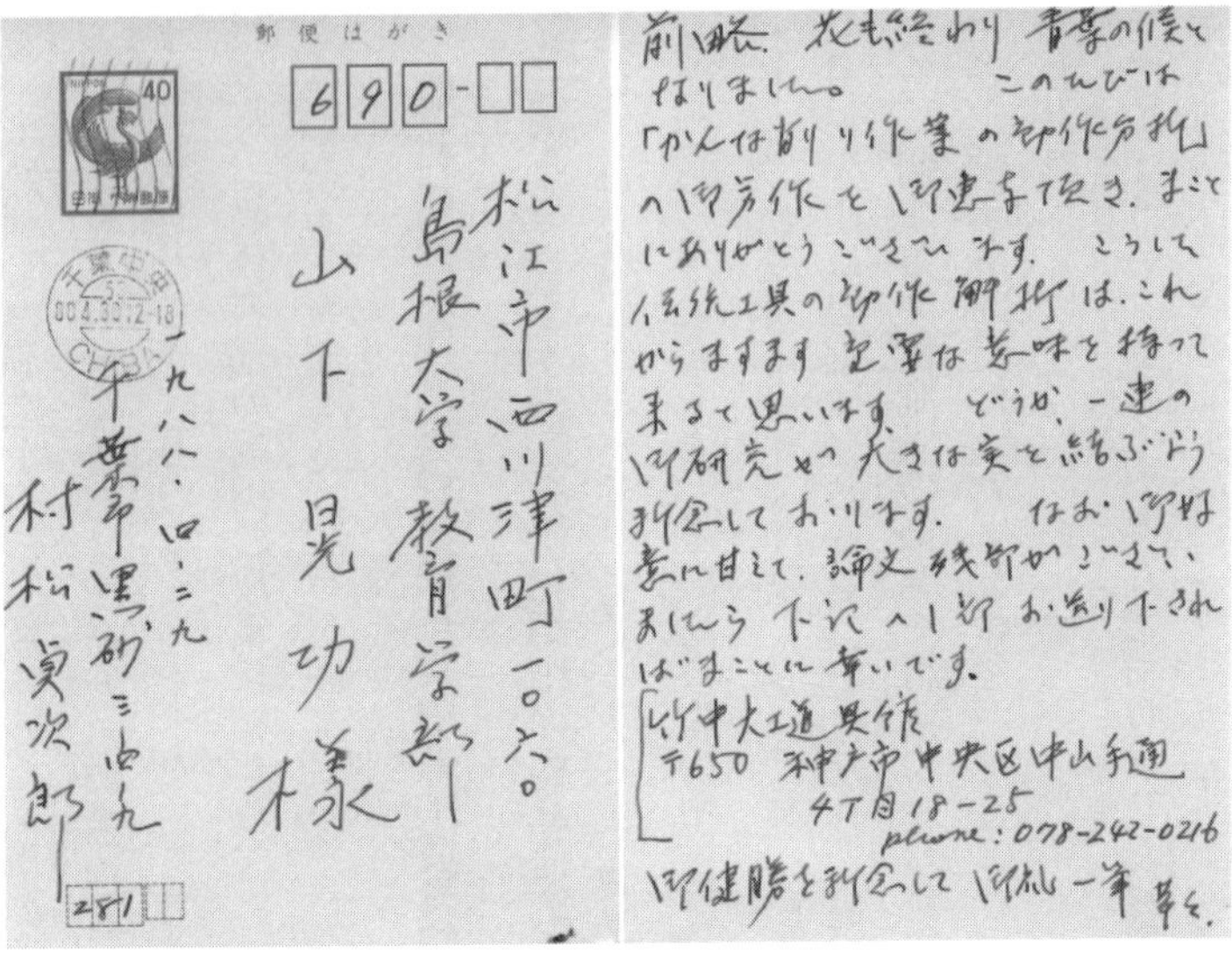
〒690
松江市西川津町一〇六〇
島根大学教育学部
山下晃功様

千葉市黒砂三の四九
村松貞次郎
一九八八・四・二九

前略 花も終わり 青葉の候となりました。 このたびは「かんな削り作業の動作分析」への御労作を御恵与頂き、まことにありがとうございます。 こうした伝統工具の動作解析は、これからますます重要な意味を持って来ると思います。 どうか、一連の御研究が大きな実を結ぶよう祈念しております。 なお御好意に甘えて、論文残部がございましたら下記へ1部お送り下されば まことに幸いです。
竹中大工道具館
〒650 神戸市中央区中山手通
4丁目18-25
phone：078-242-0216
御健勝を祈念して 御礼一筆 草々

▲私の研究を勇気づける村松貞次郎先生からのはがき

研究対象にならない、しかも機械工学分野でも研究対象とならないユニークで、貴重な研究報告であると評価していただいたのではないかと思います。送るたびに論文の別刷り受理のご返事を必ずくださいました。そして、論文別刷りを竹中大工道具館へも送るようにと、ご指示もいただきました。この先生からのはがきは今も大切にファイルに入れて大事に保管しています。

そして、村松先生の指示により、神戸にある竹中大工道具館へも論文の別刷りをお送りしたことから竹中大工道具館ともお近づきになれ、研究員や学芸員さんらがたたらの施設を見学に島根においでになり、その時に島根大学の私の研究室にもおいでいただいたことがあります。また、私もたびたび学生、院生を連れた研修で竹中大工道具館を訪問することにより、お互いの交流を継続することができるようになりました。

このような竹中大工道具館との交流が、私にとっては、その後の研究成果発表をマス・メディアに登場させる点で、大きなチャンスを与えていただくことになりました。また、村松貞次郎先生とは、その後、偶然にもアメリカのシアトルのシー・タック空港のトイレの前でばったり出会ったりするなど、折々に触れてお会いすることができたりして不思議なご縁となりました。しかし、シアトルでの出会いが先生との最期のお別れになってしまいました。大事に保管している先生からのはがきが、今でも私を勇気づけてくれています。

10 いよいよ博士論文完成へ

●学生の卒業研究の協力でできた博士論文

昭和四十五(一九七〇)年五月島根大学に着任してから、すぐさま島根総合高等職業訓練校での杠《ゆずりは》繁先生の下での修行に始まり、職人の世界、勘の世界の「木工」から脱皮して、科学を基礎とした体系化された「木工学」の構築を目指してスタートを切って十五年。その間の名古屋大学の福井尚教授の下での論文書きの修行などを経てやっと博士論文としての内容、体裁が整ってきました。

この間の十五年間は、当時まだ大学院を持たない教育学部においては、学部生の卒業研究(卒業論文作成)を指導しながらの学生との共同研究が私の研究の実態でした。当時の大学進学率はおそらく三〇%程度で、優秀で、向学心に燃えた学生でした。国立大学一期校、二期校に分かれていた時代でもあります。

私が島根大学教育学部技術教育・木材加工研究室の卒業研究で指導した第一期生は、土山球一君、月坂(湯原)守保君、長井重男君の三名でした。この頃はかんな台を手で掘って、所定の仕込み角のかんなを手製で作成し、それで実験を行うというような原始的なものでした。今の学生ならば、このように手間暇がかかり、近代的な実験装置を何一つ使用しない研究など見向きもしないのではないかと思われます。

当時、中学校の技術教育の中心は木材加工領域であり、木材加工においては必ずかんなが教具として登場し、かんな削りは中心的な学習内容でした。そして教科書にも多くのページを割いてかんな、かんな削りが記述されていました。なぜ、どのようにして木材がかんなの刃先できれいに削れるのか。逆目ぼれはどのようなメカニズムで防止できるかなど、将来、中学校の技術教育の教師をめざす学生は好奇心旺盛で、卒業研究においてもかんなの木材切削機構などを研究テーマとして与えれば、学生諸君は興味津々で積極的に取り組んでくれました。

▲世界唯一のかんなの博士論文

当時の学生は今のように授業や就職に追いまくられるようなことはなく、四回生ともなれば卒業研究一筋で、授業は一週間に一つか二つ程度でした。ゆっくり、十分な時間をかけて私と研究計画を話し合ったり、実験データを基に議論をしたりできた、ゆとりのある大学の良き時代でした。もちろん、私は二十代～三十代と若く、大学での教育研究だけに専念できる、私にとっても良き大学時代でした。卒論提出期日が迫ってくると、学生は私の自宅にタイプライター、実験データなどを持ち込んで、徹夜で卒論制作を行うような時代でした。

このような研究環境の下で、私の博士論文は学生さんの卒業研究の協力のお陰でできあがったようなものです。本当にまじめで、向学心旺盛で、優秀な、良き教え子に恵まれた結果です。しかし、第一期生の教え子達もそろそろ定年退職を迎える年齢に達してきました。

●博士論文の内容と世界のかんな

私の博士論文の内容は大きく分けて、

序　論　世界の平かんなの分類、日本の平かんなの分類
第一章　一枚刃平かんなによる平削り機構
第二章　二枚刃平かんなによる平削り機構
第三章　立刃かんなによる平削り機構
第四章　かんな削りの作業動作分析

以上のような内容で構成されています。すでに書いてきたように、職業訓練校での木工技術修得の過程で、平かんなに魅せられ、また、多くの歴史的な木工関連書物、例えば『和漢船用集』などに書かれていることがらへの興味。さらに、村松貞次郎先生の名著『大工道具の歴史』などから先人達の蘊蓄《うんちく》のある職人言葉や経験則の背後にある科学性に興味を感じたことが発端で、かんなの研

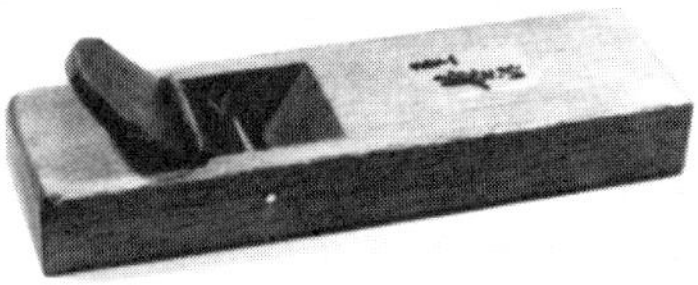

①日本式かんな

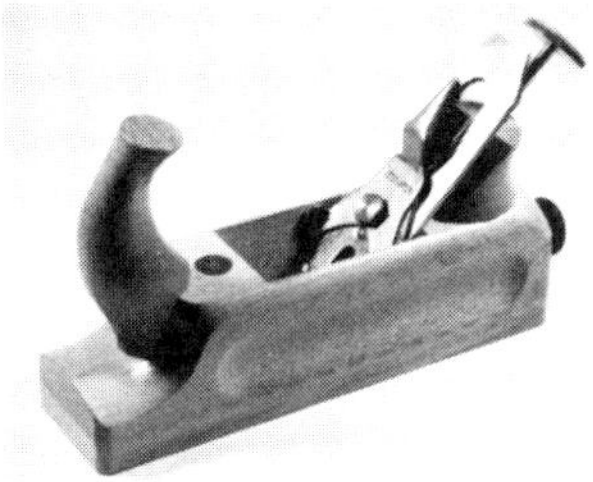

②ドイツ式かんな

③アメリカ式かんな

④中国式かんな

▲ 世界の平かんな

究が始まりました。そして、世界中で樹木が生えているところには、木材資源は必ずあり、木材のあるところには必ずのこぎり、かんななどの木工具は存在する。このような点から、世界中にはどのようなかんなが存在するのかについても、興味が大きく広がっていきました。海外旅行をする知人、在外研究に出かける友人にお願いして買ってきてもらったり、中国やネパールからの留学生に持ち帰ってもらったりして、世界のかんな収集をかんな研究と平行して行ってきました。

　これらをまとめて、世界の平かんなの形態を基にした分類を大胆に試みてみました。すると、おもしろいことに世界の平かんなは四つに明確に分類することができました。平かんなによる世界の四大文化圏でした。①日本式かんな、②アメリカ式かんな、③ドイツ式かんな、④中国式かんなです。何と四大かんな文化圏の一つに日本は入るではありませんか。日本の文化・文明は中国を起源とするものが多いのですが、平かんなに関しては見事に中国式かんなから進化して、独自な形、独自な機構へと変化してきたのです。このことは日本の「木の文化」を誇ると同時に、日本の「木工具の文化」も大いに世界に誇るべきではないでしょうか。私の博士論文は、このような文化論的な内容を含めたものとなっていきました。

●博士論文のテーマ

私は日本木材学会を土俵として研究発表をしてきました。私の博士論文の内容で第一章から第三章までの、平かんなによる木材の平削り機構の研究内容は、従来の日本木材学会の研究内容、研究方法、研究方向にもほぼ類似していました。しかし、序章と第四章については、全くの異質なものでした。とくに、第四章の「かんな削り作業動作分析」は他の学会での研究発表ではないかと思われてもおかしくないものでした。博士論文の指導教官である福井尚先生も、博士論文をまとめる時には、私にこの第四章を削除できないかと相談を持ちかけられました。私は福井先生に大変なご迷惑とご苦労をおかけすることになってしまったのです。でも私は、人間が手で持って、体を動かして初めて機能する「道具・かんな」を研究しているのであって、スイッチを入れれば動く「木工機械・かんな」を研究しているのではないとの信念を強く持っていましたので、ここはとくに、ぜひ博士論文の内容を含ませていただけないものかと、福井先生にお願いをしました。結果、先生のご理解をいただき博士論文の内容に含めていただくことができました。その博士論文のテーマもキーワード「かんな」を含んだ「平かんなによる木材の平削り機構の研究」でした。

このように、かんな削り作業動作分析を含めていただいたことは、学位取得後、私の研究の発展に大きく影響を及ぼすこととなりました。博士論文中の内容は実に初歩的、原始的な光線軌跡法と筋電測定によるかんな削り作業動作分析であり、もっと科学的に、もっと精密に、もっと多面的に、もっと定量的にかんな削り動作研究を発展させたいと夢がふくらんでいきました。また、身体動作研究の機器は日進月歩で進化していきました。高速度ビデオカメラ、コンピュータ、ソフトウエアの進化などにより、めざましい研究成果が他の学会などで発表されてきました。これらの手法を取り入れた、かんな削り、のこぎりびき、くぎ打ち、きりもみの基本木工四動作のより高度で、進化した解析研究への足がかりとなったのです。

●どこが、どのように上手なの？

良く切れる、高価なかんなを与えれば誰でも、上手なかんな削りができるでしょうか。熟達した職人は上手にかんな削りを行い、見事なかんなくずを出し、削り面はつるつるで、光沢のある平面を削り出します。熟達した職人のかんな削り動作はどこがどのように上手なのですか？　腰の移動は、かんなの移動、肘の動きは……？　このような質問に明確に答えることができる研究者は今までいたでしょうか。かんな削り動作の診断、評価が適切にできなければ指導もできないはずです。また、この逆に、私はどうしてかんな削りがうまくできないのでしょうか？　こんな質問に的確に答えられる研究者、教師はいたでしょうか。残念ながら誰もいませんでした。なぜならば、このようなかんな削り動作の研究をした研究者は一人もおらず、かんな削り動作の科学的研究は存在していなかったのです。もちろん、研究報告書もありませんでした。

でも、中学校の教育現場では歴然とかんな削りの学習が行われ、指導が行われていたのです。教師はどんな指導を行ってきたかと思うと背筋が寒くなる思いがします。やはり義務教育で学習する内容は、すでに科学的に認められ、専門の学会で定説として認められていることが必要です。

11　木工作業動作研究（1）　かんな削りの指導法

●筋電と動作解析から

念願の博士論文が完成し、昭和六十一（一九八六）年三月に名古屋大学より農学博士の学位を取得することができました。これで大学人として研究面での基礎を確立することができました。この学位論文のための研究は基礎研究でした。なぜ、日本のかんなは精密に、精巧に、そして繊細に木材を削ることができるのか？　かんな削り動作はどのような身体動作のメカニズムで行われるのか？　などに関する木工具「平かんな」や「かんな削り動作」の基礎的な科学を解き明かす第一歩となるものでした。この基礎研究を基にして、次のステップはいよいよ応用研究へ進むこととなりました。

その後も、通常の一秒間六〇コマのビデオカメラによる身体動作側面からのかんな削り動作の測定と筋電の測定を、木工作業熟練者と木工作業未熟練者の両者の比較で行ってきました。その結果としてかんな削り動作の熟練度、未熟練度を類型図の上で判別する方法を確立し、日本木材学会誌に発表しました。これはかんなの削り始めの位置、構えの位置、上腕二頭筋の放電、腰の移動距

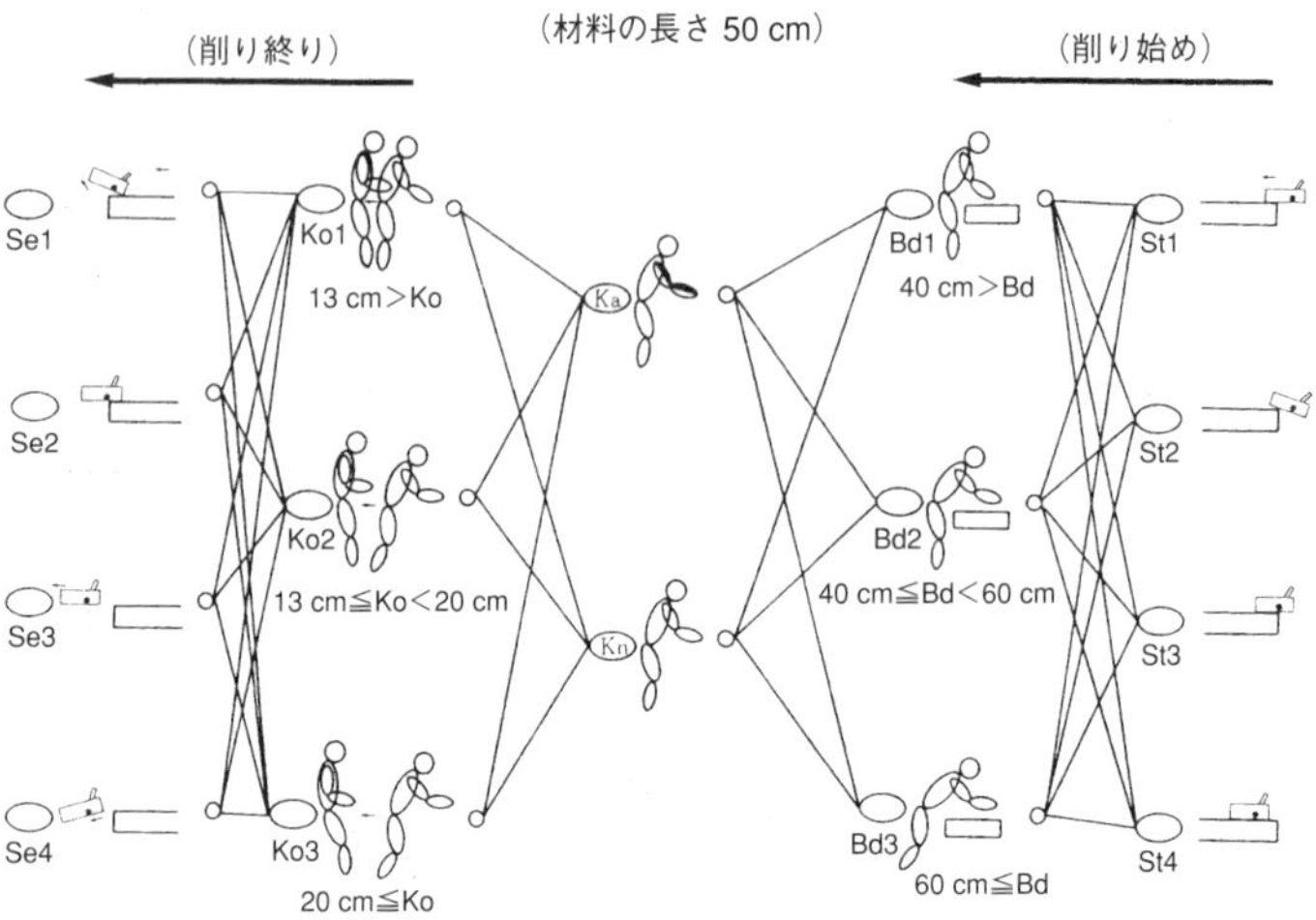

(St1 → Bd3 → Ka → Ko3 → Se2) この動作が良好なかんな削り動作。
熟練者の削り始めのかんなの位置は、刃先が十分に材料先端の前方にある。

▲ かんな削り動作の類型図

離、削り終わりのかんなの位置が熟練者、未熟練者によってどのように異なるかを判別する内容です。この論文は私のアメリカの親友ケン・カルホーン教授(セントラル・ワシントン大学)との共同研究として、英文で発表することができました。このケン・カルホーン教授との交遊については後述することといたします。

●身体動作解析装置の進化

その後、幸いなことに、昭和六十三(一九八八)年ごろから、コンピュータと高性能な高速度ビデオカメラを連動した身体動作解析装置を購入することができ、かんな削り動作の定量的研究や三次元動作解析がやっと実現しました。さらに、幸いなことに科学研究補助金をいただくことにより、把持力測定装置なども購入でき、玄能でくぎを打つときの各指の玄能の柄を

①かんな削動作
スティック図

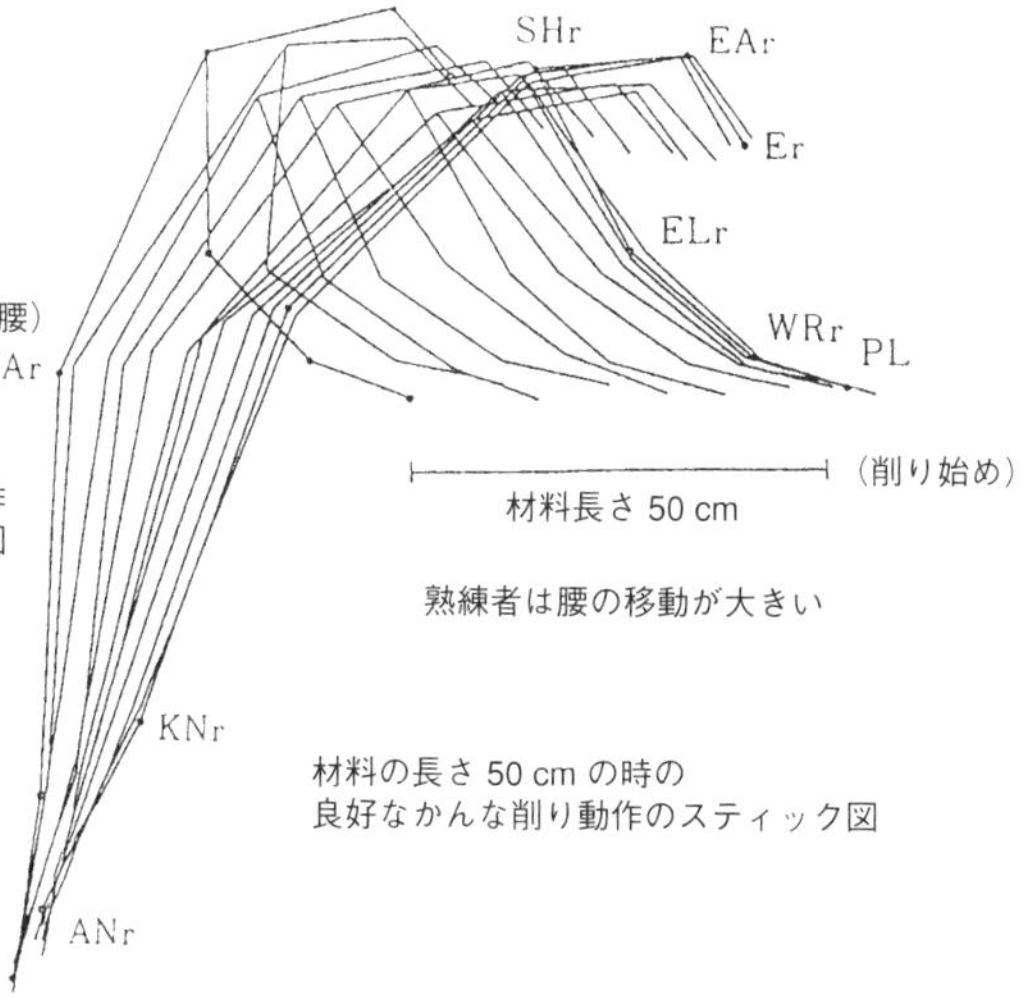

材料の長さ 50 cm の時の
良好なかんな削り動作のスティック図

②筋放電

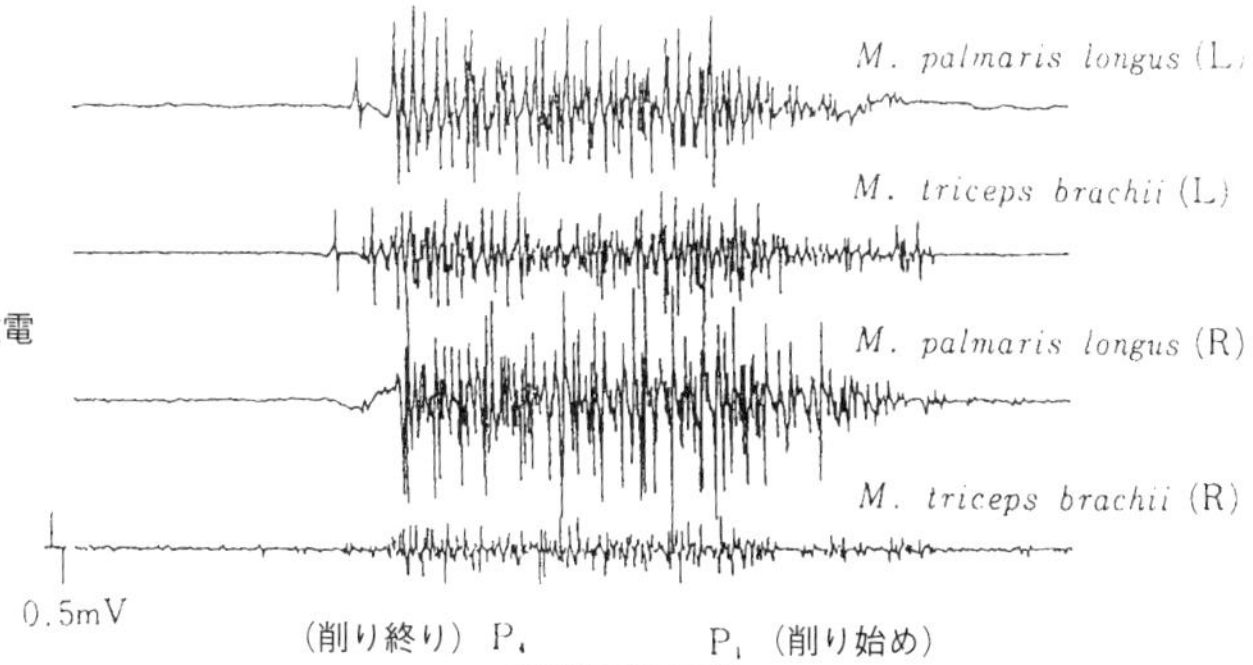

左右の上腕三頭筋と長掌筋の筋放電（良好な筋放電）

③かんなくず

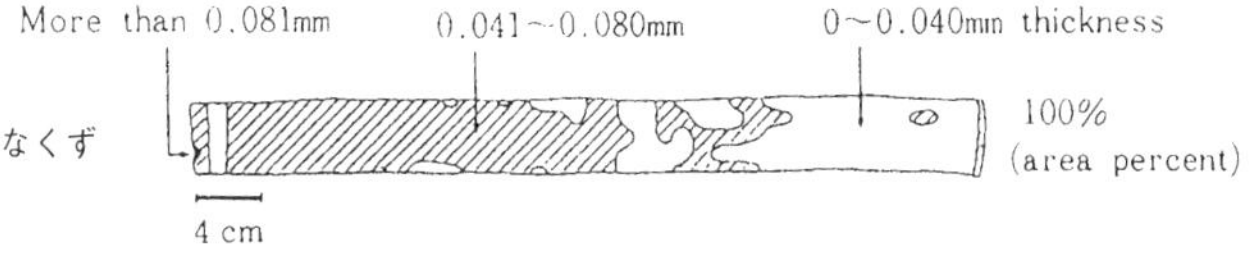

良好なかんなくず形状と厚さ

▲熟練木工作業者のかんな削り動作のスティック図、筋電波形、かんなくず形状と厚さ

握るときの力(把持力)も測定可能になりました。木工作業動作研究(熟練木工作業者は各種木工作業において、どのような巧みな身体動作によって、木工具を使いこなすのか。また未熟練木工作業者はどこが、どのように下手なのか)は測定機材の進歩により、迅速で、正確に、そして多様なデータが数多く得られるようになっていきました。

本格的な木工作業のための身体動作測定機材の導入は平成五年(一九九三)ごろではなかったかと思われますが、当時の概算要求レベルの高額な研究設備の購入ができました。ナックイメージテクノロジー社製の多目的高速度映像解析装置でした。二台のハイスピードビデオカメラ(一秒間に五〇〇コマ撮影)と身体動作を解析するムービアスというソフトウエアを組み合わせた機材で、当時の金額で三〇〇〇万円程度であったと記憶しています。この二台の高速度ビデオカメラとソフトウェアのムービアスにより、三次元の動作解析が可能となりました。

従来は一台のカメラで側面からの撮影と正面からの撮影を別々に撮影して、その映像から身体動作の解析を行なわねばなりませんでした。仮に二台のカメラで同時に撮影しても二つの映像や得られたデータを三次元で融合することはできませんでした。

この三次元の多目的高速度映像解析装置が加わることによって、側面、正面、四五度斜めからのデータのみならず、極端なことを言えば、頭上から撮影した場合のデータも座標値の計算によって得られるようになりました。これは身体動作を上下・左右三六〇度の全方向から動作解析することができ、格段に研究を推進できるようになりました。さらには、身体各部位の速度変化、加速度変化、角度変化などの物理量が瞬時にグラフ化され、その変化が可視化できる点は従来にない進化でありました。

●中国・東北林業大学、陳廣元《ちんこうげん》君との共同研究

このように研究条件が整い、本格的に多面的な木工作業動作解析を行うことができるようになりました。熟練木工作業者の代表としては今まで述べてきました、私の木工実技指導の恩師である島根総合高等職業訓練校教導の杠《ゆずりは》繁《しげる》先生を中心に、同じ職場の木工科の教導の先生方や、島根大学教育学部技術教育研究室の木材加工分野の技官の方などに被験者をお願いしました。

測定機材は高度で複雑なシステムを持った機材であり、正確な測定データを得るためには、かなりの習熟が必要でした。したがって、予備実験として学部生の卒業研究で使用してきましたが、本格的な研究として取り組んだのは、平成十(一九九八)年中華人民共和国・哈爾浜《ハルピン》にある東北林業大学から陳廣元《ちんこうげん》助教授が島根大学教育学研究科へ留学生として入学してからでした。彼は私の下で木工作業動作解析を研究して修士号を取得し、さらに総合理工学部の田中千秋教授の下で、その研究を深めて博士号の取得を目的で島根大学へ入学してきたのでした。研究を実施するに当たり、言葉の壁は多少ありましたが、さすが大学の現役助教授だけあって理解力がありました。

陳廣元君にとりましては、高速度ビデオカメラによる三次元映像撮影や、その映像の解析ソフトのムービアスによる解析方法などは日本に来て初めての測定器械でしたが、日本語の使用説明書を

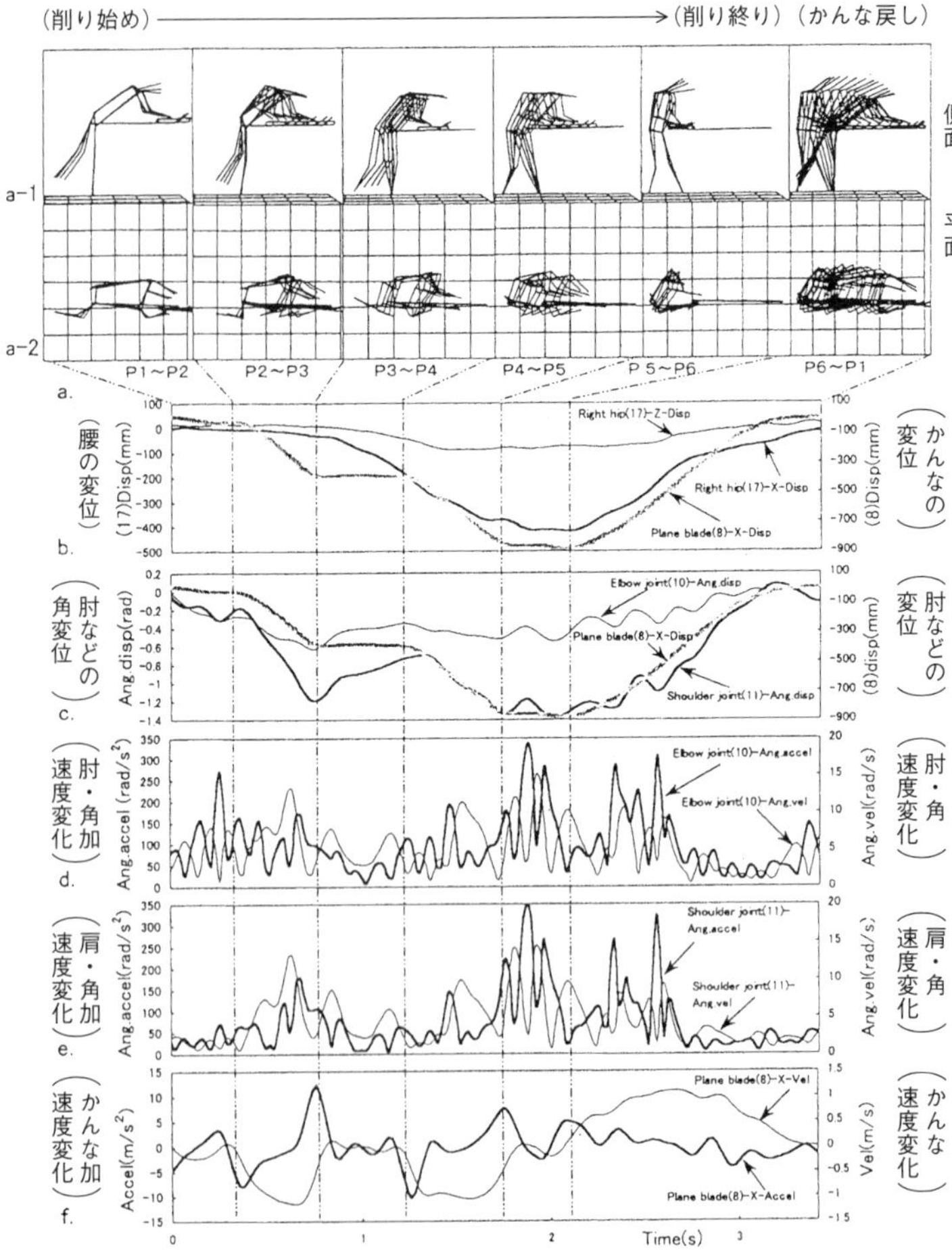

材料長さ 80 cm の木工作業熟練者のかんな削り動作のかんなや身体各部の変位、速度、加速度などの変化を示すデータ。
熟練者の削り終わりのかんなの位置は、刃先が材料末端通過直後に止まる。

▲ かんな削り動作の三次元動作解析データ

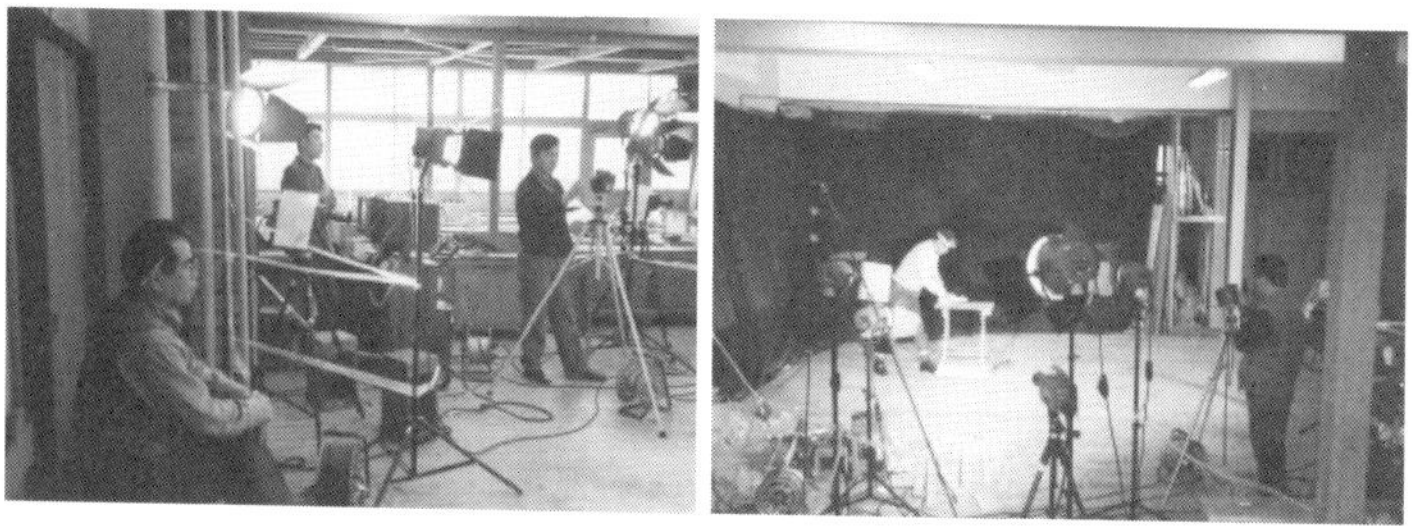

▲三次元木工作業動作解析用スタジオと機材

十分に解読する能力を持っており、科学者としての基礎能力を持っていたことは私に取って指導上大いに助かりました。教育学研究科修士課程での研究は、木工作業熟練者の三次元動作解析でした。すなわち、熟達したかんな削り、のこぎりびき、きりもみ、くぎ打ちの、代表的な四つの木工作業はどこがどのように上手なのか？ その卓越した身体動作のポイントを定性的、定量的に究明することでした。

●熟練者のうまさの「つぼ」

木工作業熟練者のかんな削り作業動作を簡単に以下にまとめてみましょう。詳細につきましては木材学会誌(Vol. 34, No. 3, 1998, Vol. 39, No. 9, 1993, Vol. 48, No. 2, 2002)をご覧ください。

構えは「半身」の姿勢で、かんな削り動作は長い材料と短い材料(かんな台刃口と台じりの距離よりも短いものを言う)では全く異なっていることが判明しました。長い材料では腰の大きな前後移動を中心にして、上腕と前腕の屈曲による動作を複合していました。短い材料では腰の移動はなく、腕の上腕と前腕の屈曲によるかんな移動だけでした。いずれの場合でも、削り始めは刃先が材料先端を確実に触れることを確認する

「さぐり動作」があり、削り終わりでは、かんな台頭下《だいがしらした》の下端面が材料表面場に接した状態で、削り終え、後方への流れ、すなわちフォロースルーの動作は認められませんでした。また、左右の腕のかんな台を押さえる力と引く力は十分に機能していました。

12　木工作業動作研究(2)　のこぎりびき・きりもみ・くぎ打ちの指導法

●日本ののこぎり

木工作業における中学校技術・家庭科技術分野で学習する基本動作はかんな削り、のこぎりびき、きりもみ、くぎ打ちの四種類です。前項ではかんな削りの木工作業熟練者のうまい「つぼ」を述べてきました。このように、身体動作を科学的に分析し、その木工作業技術の無駄のない、合理的で、正確で、効率的な重要なポイント(つぼ)を解明しなければ、木工具の使う身体動作の科学的な指導法は確立しません。

次にのこぎりびきのつぼを簡単に述べてみることにします。詳細は木材学会誌(Vol. 49, No. 3, 2003)をご覧ください。のこぎりびき作業の構えは「半身」で、左右の目の中間となる眉間《みけん》は、のこ身の真上後方に位置しており、のこ身の左右両側を見ることができるように構えています。そして、材面に対してのこ身は正確に直角を保ちながら、ひき動作は力強く、返し動作が軽快にリズミカルに行われていました。

ひき始めにおいては「のこ身の元の方を使うように小刻みなひき動作」、切り中では「右肘の円滑

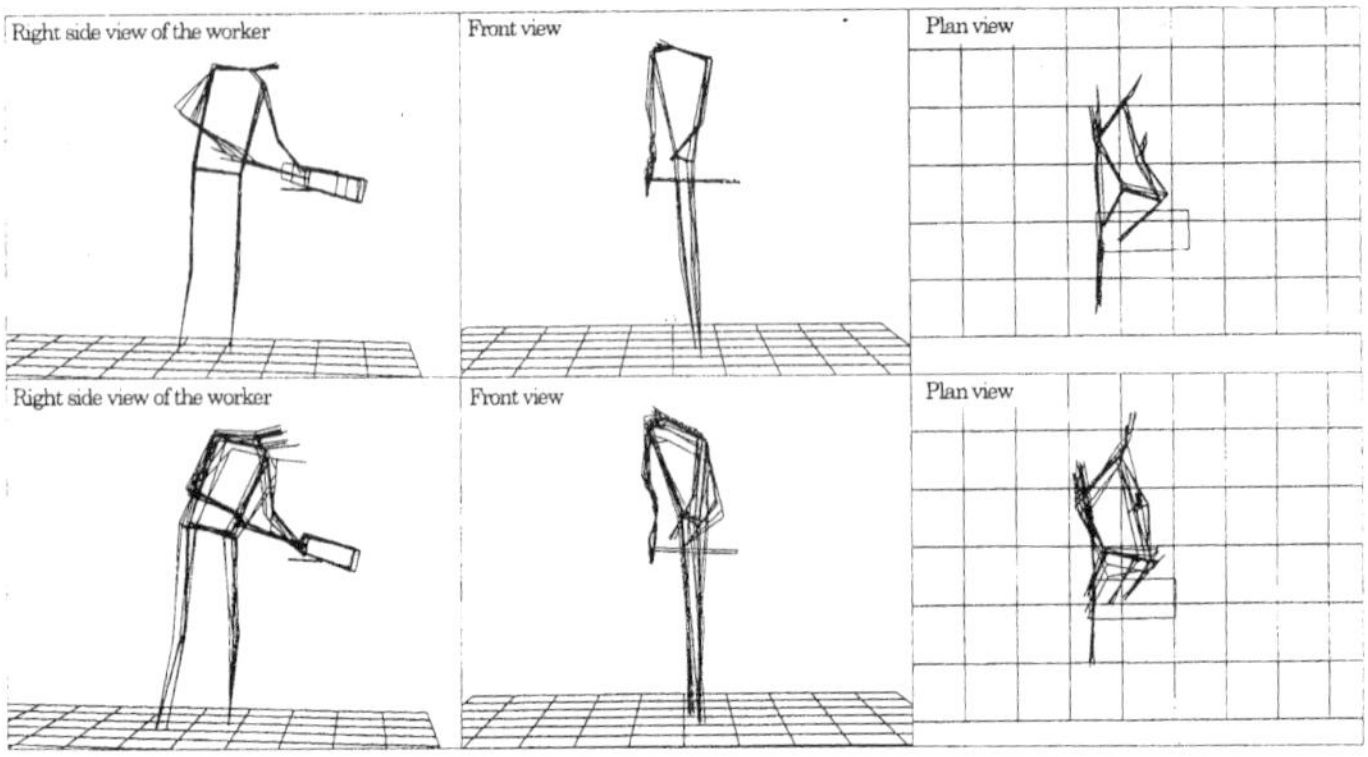

木工作業熟練者のひき始め動作は、のこ身の元の刃で行い、
腕の真っ直ぐなひき動作となっている。a.熟練者、b.未熟練者

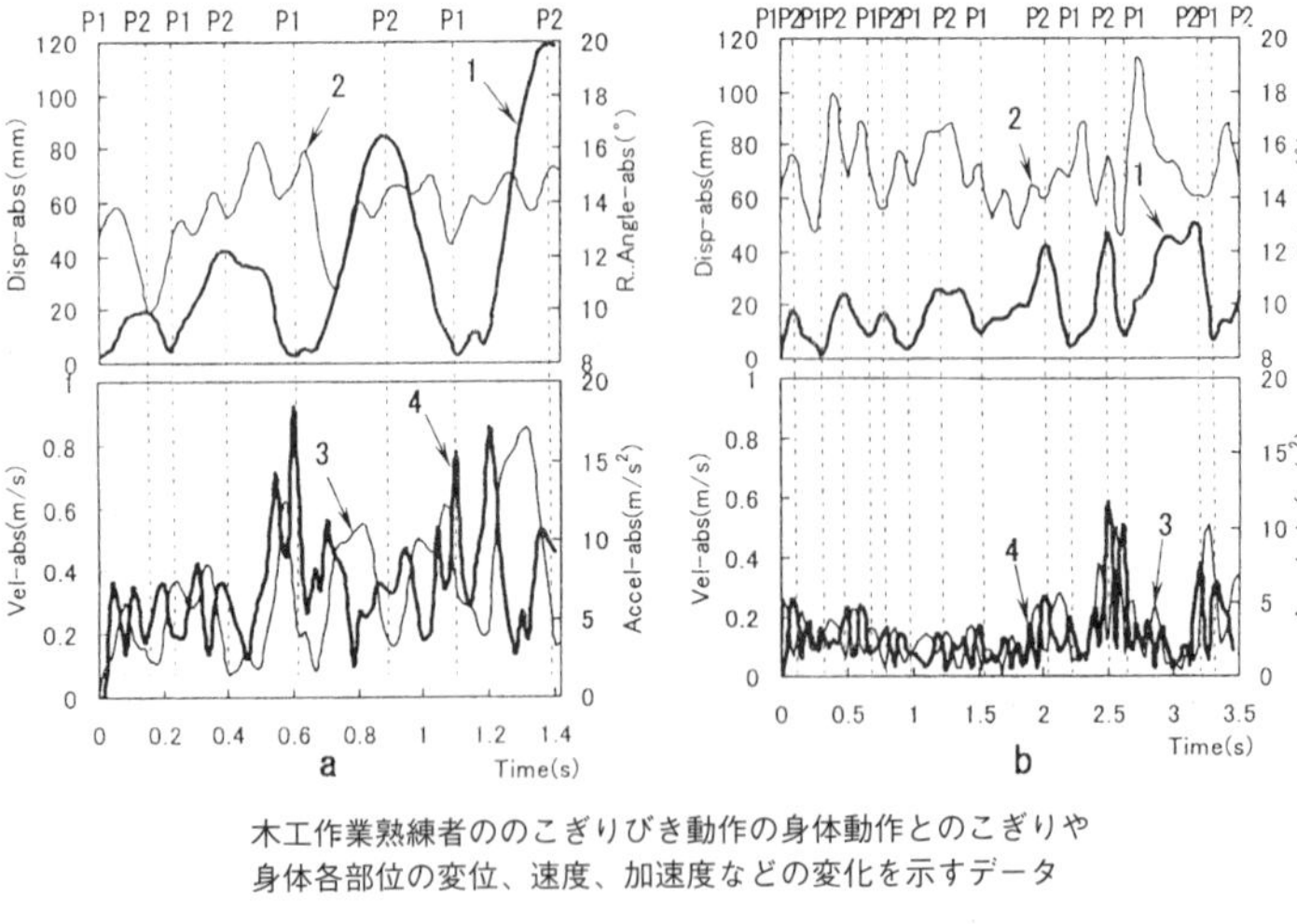

木工作業熟練者ののこぎりびき動作の身体動作とのこぎりや
身体各部位の変位、速度、加速度などの変化を示すデータ

▲のこぎりびき動作の三次元動作解析データ

な円弧運動による右腕の大幅な前後往復のひき動作」、切り終わり直前では「ひき角度を小さくした小刻みなひき動作」などの三つの基本動作が連続的に組み合わさって、滑らかで効率の良いのこぎりびき動作となっていました。

●「一、きり、二、かんな、三、ちょうな」……最も困難な「きりもみ」

昔、数寄屋大工の間での通り言葉として、最もむずかしい作業の順序を「一、きり、二、かんな、三、ちょうな」と言い表していました。また、骨の折れる、しんどい作業としては「一、きり、二、のこぎり、三、かんな、四、ちょうな」と言い表していました。いずれも「きり」が一番でした。

一般の方は「きり」がいずれの場合にも一番に挙げられていることに、ちょっと意外に思われることと思います。

最もむずかしい作業については、以下のような解釈ができるでしょう。すなわち、

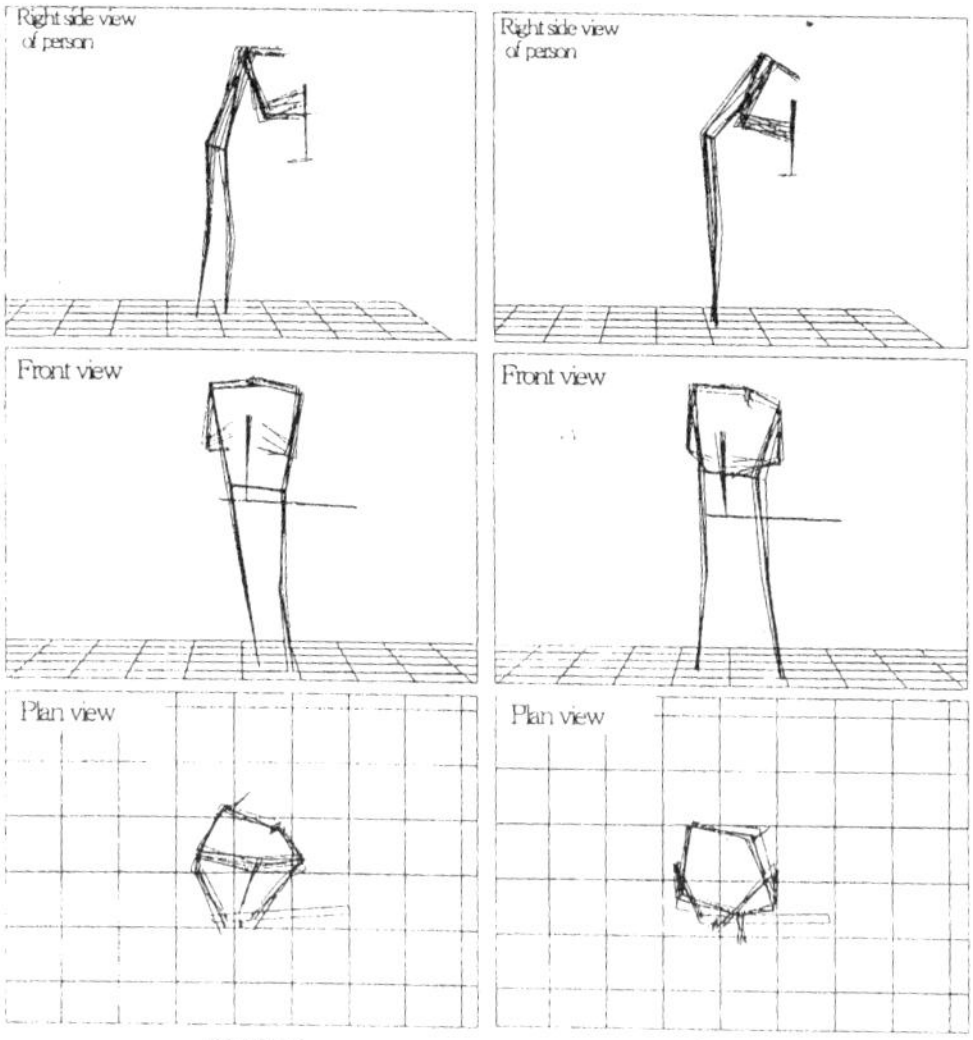

a. 熟練者　　b. 未熟練者

熟練者のきりもみ動作では、きりの柄の左右、前後の揺れがない。

▲きりもみ動作の3方向からのスティック図

きりもみはくぎを打つ方向と、くぎの部材と部材を接合する接合強度に影響を及ぼす下穴の深さ、大きさを適確に開ける必要があります。このように、家や家具の強度に大きく影響を及ぼすきりもみ作業は重要であり、むずかしい作業と言われる理由でありましょう。

また、骨の折れる、つらい作業については、私達の日常経験からも推測できます。すなわち、くぎを打つ箇所の数は多く、一生懸命きりもみを連続して行っていくと、知らぬ間に手のひらにまめ（肉刺）ができてしまった経験の持ち主は少なからずおられるでしょう。このように集中的に手のひらの局部に力が集中してしまうのが、このきりもみ作業の特徴です。

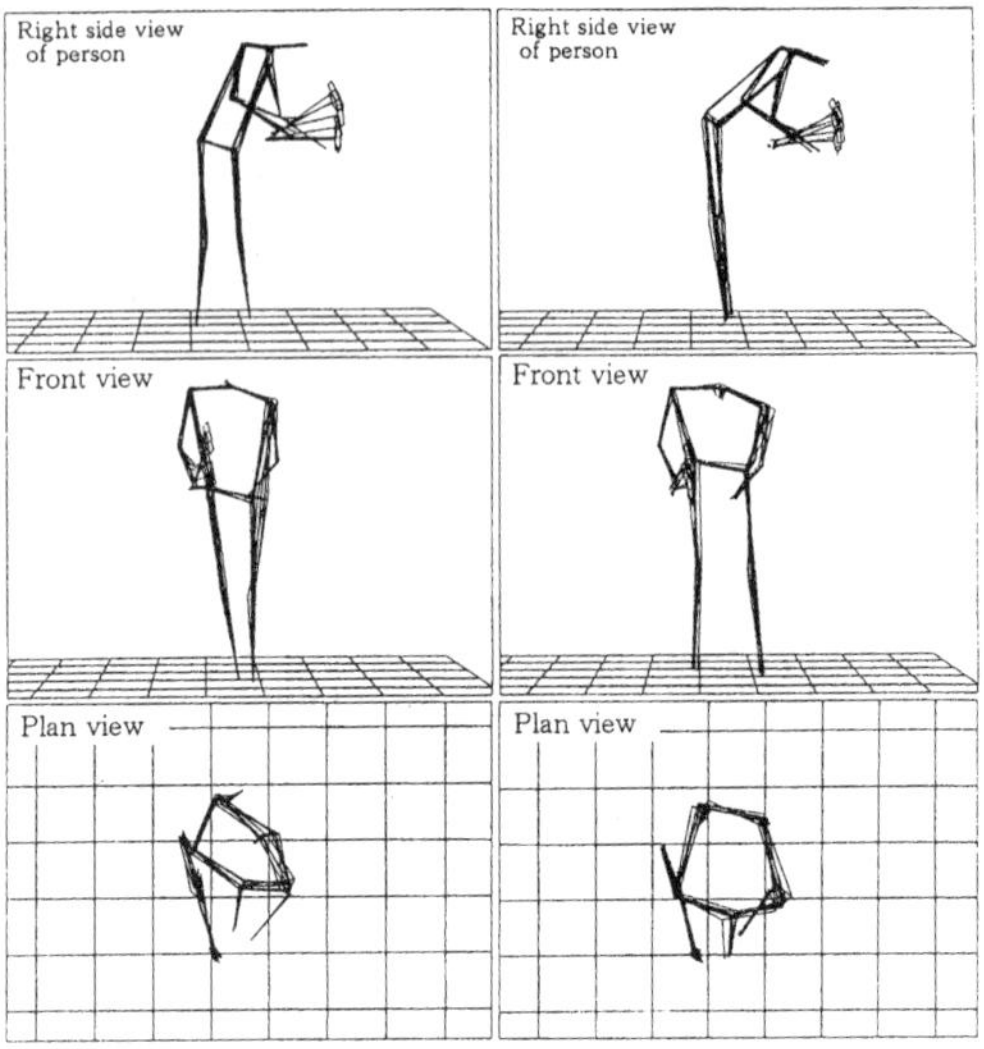

a. 熟練者　　b. 未熟練者

熟練者のくぎ打ち動作では、肘と手首での打ち込み動作が行われている。

▲くぎ打ち動作の三次元スティック図

さて、このきりもみ作業についても、私達の身体動作研究からの「つぼ」を以下に簡単にまとめてみます。詳細は木材学会誌(Vol. 50, No. 1, 2004)をご覧ください。きりもみ作業の構えも半身の構えで、視線は両腕の間から、きり先位置をしっかりと見ています。そして、大きな手のひらの前

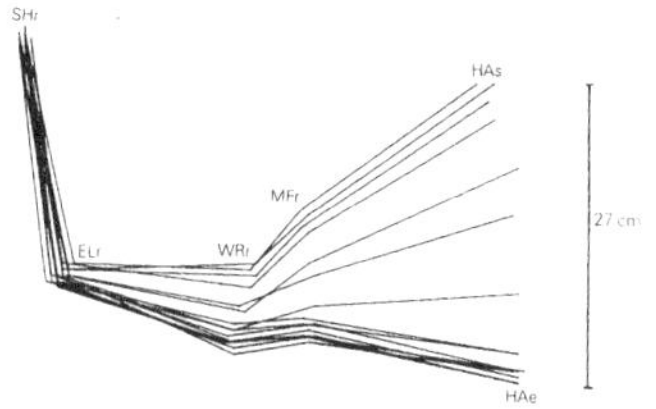

木工作業熟練者の手首の動きのある良好な動作

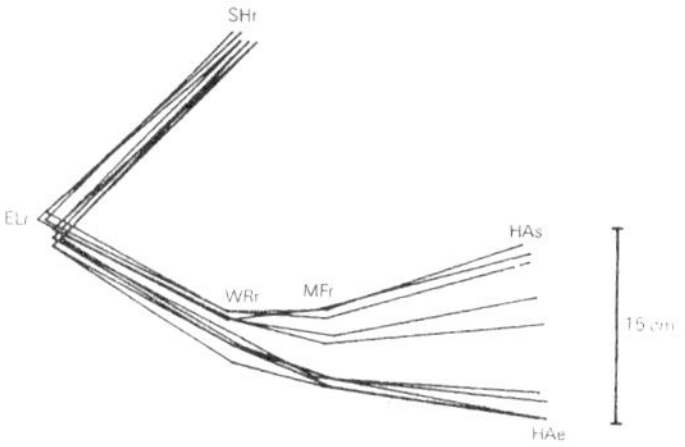

未熟練者の良くない動作

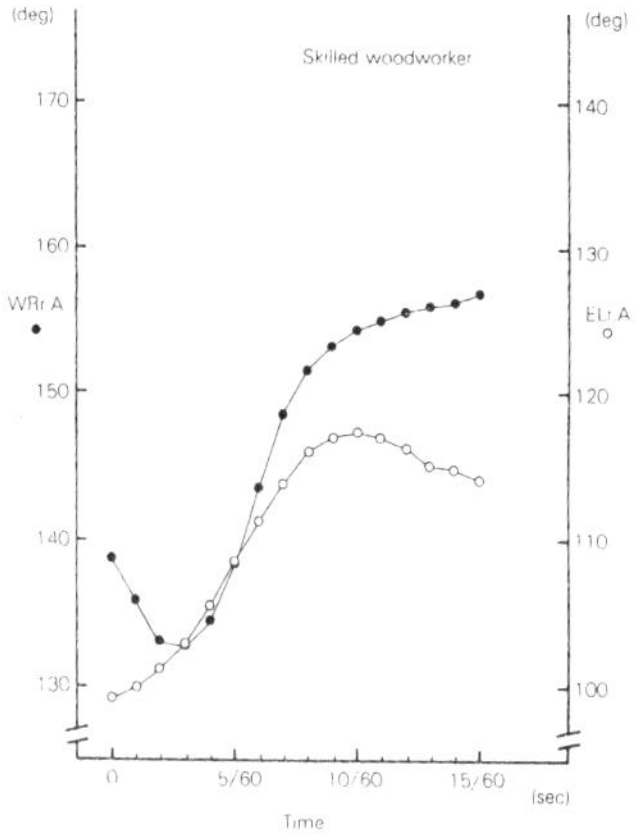

肘の動き(○)の後に手首の動き(●)が続く運動連鎖

▲ **くぎ打ち動作の肘と手首の動き**(熟練者・上、未熟練者・下)**と熟練者の肘・手首の運動連鎖**

後移動ときりの柄の中央から下方までの大きな下方移動距離を、腰の「沈み込み動作」を作用させて、大きな回転力と押しつけ力を生じさせています。

●一瞬の一振り動作の科学

げんのうによるくぎ打ち動作は巨視的に見れば、一瞬のうちに終わってしまう動作です。しかし、ハイスピードカメラで撮影すれば、もののみごとにスローモーションでその身体動作をつぶさに捉えることができます。そして、くぎ打ちの「つぼ」を捉えることができました。このげんのうによるくぎ打ち動作のつぼは以下のようでした。詳細は木材学会誌(Vol. 35, No. 5, 2003, Vol. 49, No. 5, 2003)をご覧ください。

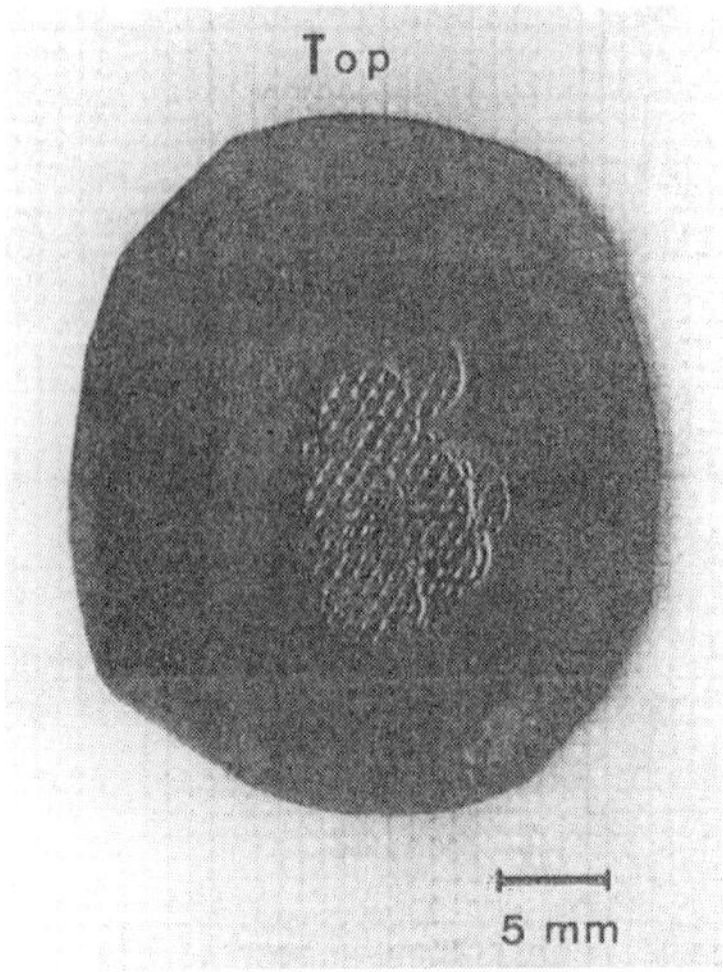

▲熟練者のくぎ打ち打撃痕
（お見事!! げんのう頭部の中心で、直角打撃）

動作の構えはのこぎりびきと同様に半身の構えで、眉間がくぎの真上より後方に位置して、視線が両腕の間を通り、くぎの打ち込みが見える位置にありました。くぎ打ち作業の全過程は「打ち始め」、「打ち中」、「打ち終わり直前」の三つの段階に分けられました。最初の打ち始め段階では「小さな手背屈と手掌屈によるくぎを打ち込む動作」、打ち中段階の「肘の伸展および手掌屈の連鎖動作によるげんのう頭部のくぎの打ち込み動作」、打ち終わり直前の段階では「げんのうの叩き面を木殺し面に変え、くぎ頭部を材料に埋め込む動作」で終わっています。このように三つの基本動作の形態が明らかにすることができました。

しかし、動作は良くてもくぎを曲げることもなく正確にげんのう頭部の中心で、頭部面に直角で打っているかどうかが肝心です。これを確かめるには鉛またはアルミニウムのやや厚身のある箔を両面粘着テープでげんのう頭部に貼り付けて、くぎ打ちを行うことによって、打撃痕を得ることができます。この打撃痕からくぎ頭部をどのような状態で打っているかを解明することができます。

13　研究成果の社会還元に向けて

●学校教育での木工技能診断の特殊性

これまで述べてきたように、木工作業動作の研究により、一応の基本木工作業ののこぎりびき、かんな削り、きりもみ、くぎ打ち動作について、熟練した技術者の技のポイント(つぼ)を解明することができました。ならば、未熟練者の技はどこが、どのように下手なのかを診断できなければ、上達のための指導もできません。

今までの学校教育または職業教育における木材加工教育現場ではどのような指導が行われてきたのか、はなはだ疑問になってきました。ちょうど学校教育界では、平成十五(二〇〇二)年ごろから成績評価が相対評価から絶対評価へ移行する時期とも重なり、中学校技術・家庭科、技術分野における木材加工領域の木工技能面において、学習者をどのように絶対評価したらよいのかが問題となってきました。

たとえば、A君ののこぎりびきを絶対評価で評価するためには、どのような評価項目で、どのような評価基準で評価したらよいのか？　こんな課題に技術科の教師は今まで直面したことがありません。しかし、絶対評価で、たとえば、以下のようなのこぎりびき動作のひき始め、ひき中、ひき終わりの三段階に分けた分析的な評価が必要になってきます。

すなわち、のこぎりびきの初期においては、両刃のこぎりの柄を持つ位置、持ち方、のこ身と材料との接する角度、身体の構え、材料固定法などがのこぎりびきの構えの初期の段階での評価項目としてあげられます。次の中期では、両刃のこぎりを引きながら木材の引き切り動作の段階における、のこ身が木材を切断する角度、のこ身を引くときの柄を持った手で、柄を「押さえる力」と柄を「引く力」の力作用などが評価項目となってきます。同じようにのこぎりびきのひき終わりにおいても同様です。

このように作業動作を評価する場合には、多様な評価項目が必要になってきますが、これらの中から、小学生や中学生の初心者がのこぎりびきがそこそこできるようになるためのポイント(評価項目)を抽出することが教育上必要となります。学校教育では、熟達した職人の技を習得する必要はありません。この点が学校教育上必要なことになります。すなわち、のこぎりびきの基礎基本的な評価項目だけを選び出すことが必要です。そのためには小学生、中学生の動作特性を良く理解することが必要となってきます。

●木工技能の診断カルテの作成へ

私の研究成果を基にして、平成十一(一九九八)年第九回全国産業教育フェア島根大会が開催され

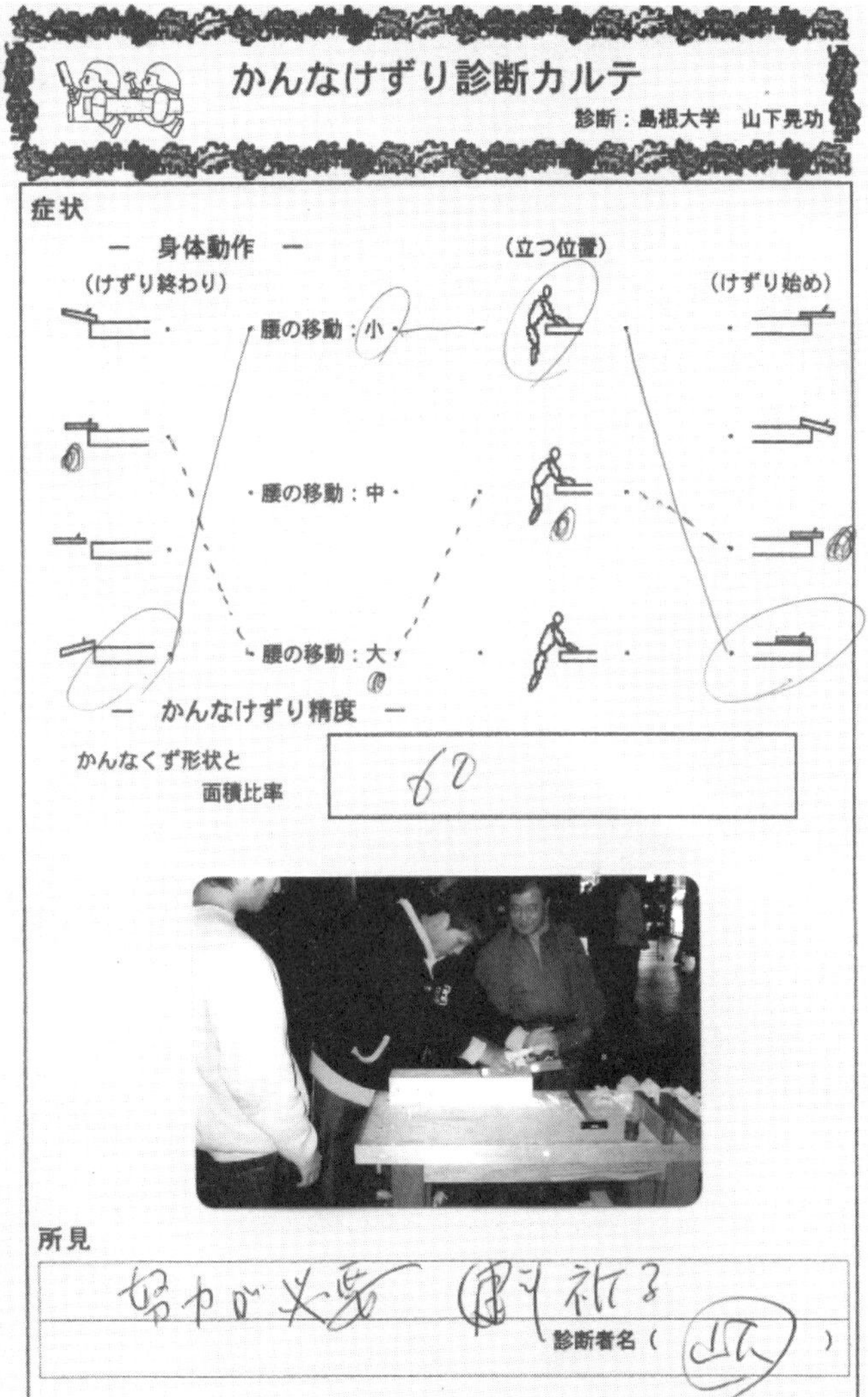
かんなけずり診断カルテ
診断：島根大学　山下晃功
症状
— 身体動作 —
（立つ位置）
（けずり終わり）
（けずり始め）
腰の移動：小
腰の移動：中
腰の移動：大
— かんなけずり精度 —
かんなくず形状と
面積比率
60
所見
診断者名（　　）
第３９回技能五輪全国大会　技能五輪うつくしま、ふくしま。２００１

▲試作段階の診断カルテ

たときに、簡易型木工スキル診断表を試作し、木工スキル診断コーナーを設置して、来場者へはじめて木工診断を実施しました。さらに、平成十三(二〇〇一)年にも技能五輪うつくしま　ふくしま二〇〇一の会場においても同様の木工診断コーナーを開設して、来場者の診断を行いました。当時ではこのようなブースは珍しく、物珍しさで多くの方がのぞきに来ました。このようにして、試行を重ねながら本格的な診断カルテ作成へと進んで行きました。その間、私の後輩である北海道教育大学旭川校の芝木邦也先生は以前から、木工製作技術に強い関心を持っており、木工技能を積極的に学生指導していましたので、献身的に私を助け、診断カルテのデザイン、構成なども得意のマッキントッシュのコンピュータを使用して、魅力的なカルテを作成してくれました。

このような準備段階を経て、学校教育での相対評価から絶対評価への移行をきっかけにして、中学校技術・家庭科技術分野での木材加工領域での、木工技能の絶対評価を目的として、教師や生徒が使用できる木工技能診断カルテの本格的な商品開発の話が山崎教育システム社の山崎正社長から提案がありました。そこで、開発は私、芝木先生、山崎社長の三人で行うプロジェクトでスタートしました。

当初はWeb上で木工技能診断ができ、全国の中学校とネットワークで繋ぎ、全国の中学生の木工技能診断ができるような大きな構想でスタートしたように記憶しています。しかし、検討を加えていくにつれ、現実的な構想へと焦点が絞られていきました。木工技能カルテは紙媒体となり、基本的な木工作業である、のこぎりびき、かんな削り、きりもみ、くぎ打ちの四動作となりました。

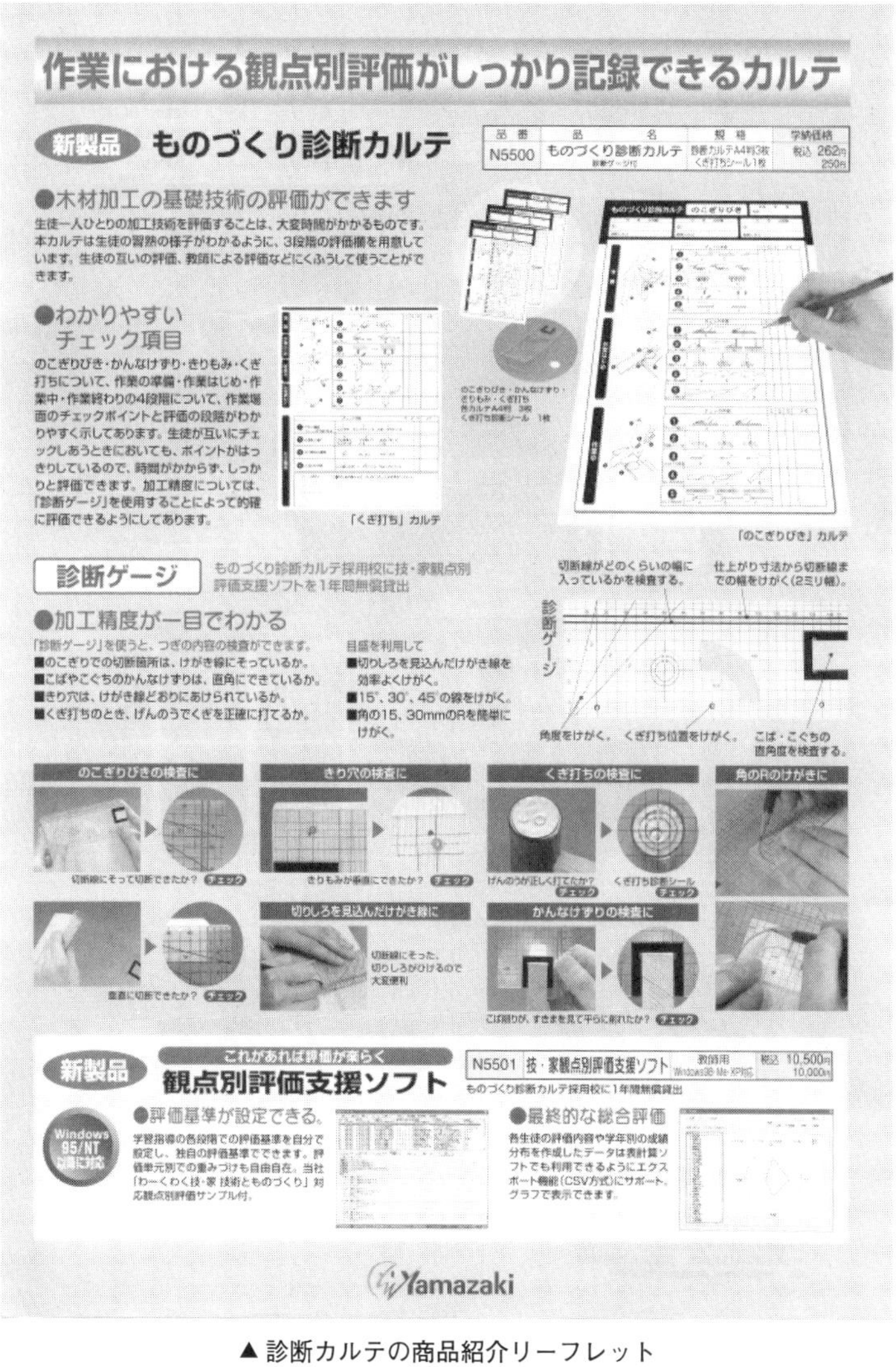

▲診断カルテの商品紹介リーフレット

しかし、先にも述べましたように、中学生にとって四動作でどのような評価項目を設定することが適切であるかが重要となりました。

このように各種の問題を解決しながら、平成十四年（二〇〇二）六月には北海道教育大学附属旭川中学校で開催された研究大会における研究授業で診断カルテの試行を行い、翌日は芝木先生の自宅に一日中三人が缶詰になり、研究授業での反省を基に、さらに商品としての完成を高めるための協議を行いました。このような合宿のような協議も、今となっては商品完成の産みの苦しみ、楽しさとして鮮明に思い起こすことができます。

精選された四木工作業動作の評価項目を文字ではなく、イラスト的に表記し、一目瞭然で、簡単に診断カルテに○をつけることによって各種の動作を迅速に診断記載して、自己評価、相互評価、第三者評価いずれにも対応できる形式で完成させることができました。

●診断ゲージと打撃痕シールの開発

どんなに作業動作が良くても、結果的に加工精度がどうであるかを客観的に、定性・定量的に診断し、結果が得られるようにすることが必要となってきました。そこで、加工精度を測定するプラスチック製の診断ゲージと、くぎ打ちにおける打撃痕（げんのう頭部が直角にくぎ頭部を打撃しているか否かを判定する）と打撃痕位置（げんのう頭部の中心でくぎ頭部を打撃しているか否かを判定する）を知るためのアルミ箔を考案することとなりました。

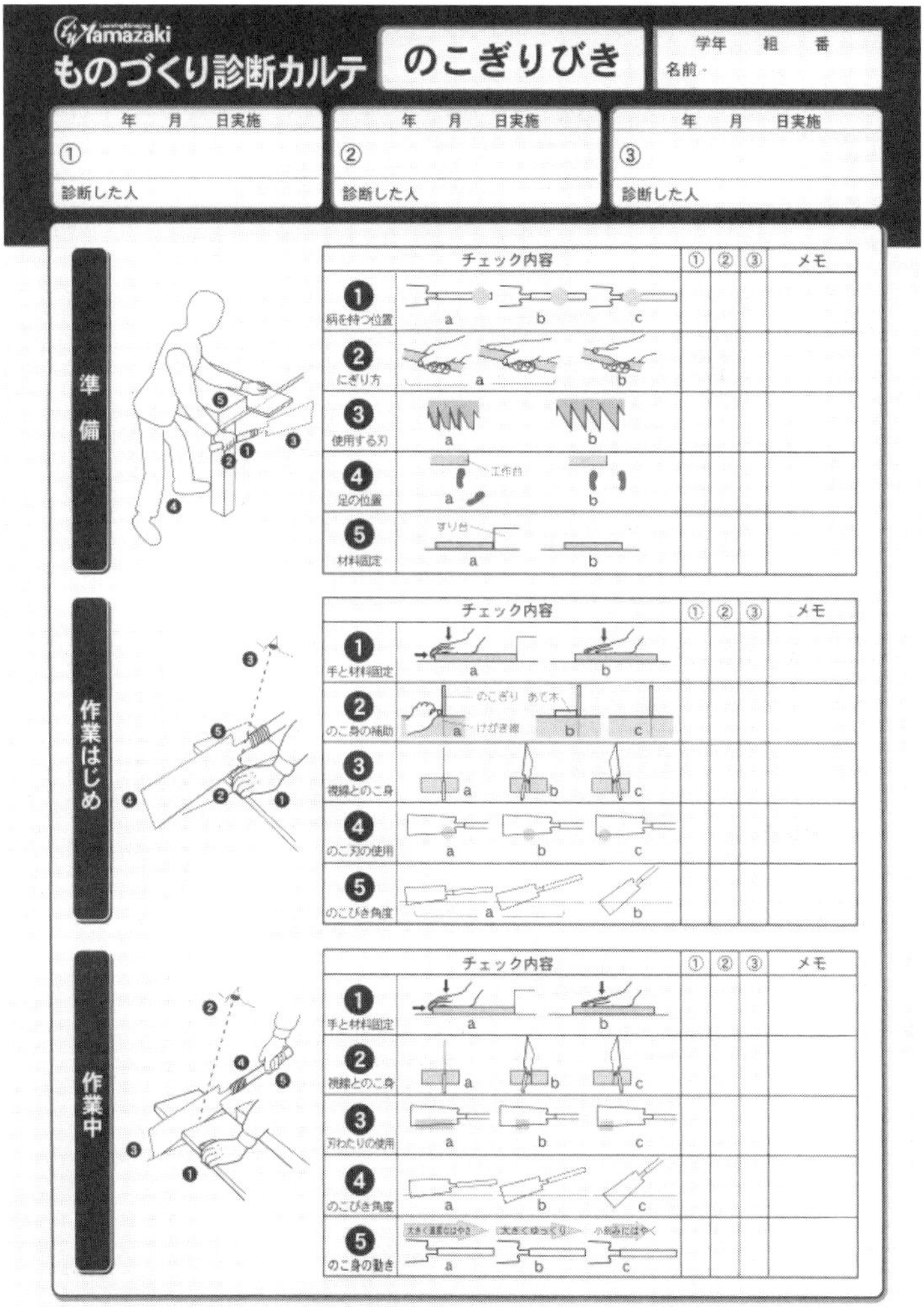

▲ のこぎりびきの診断カルテの内容

プラスチック製の診断ゲージでは、横びきののこぎりびきの精度、こぐち・こば面のかんな削り精度、きりもみ精度、くぎ打ち精度のすべてを簡単に検査、評価できるものとして開発することができました。その精度は三段階（a、b、c）の評価基準で診断できるようになっています。そして、この診断カルテ、診断ゲージ、打撃痕シールを一セットとして山崎教育システム社から「ものづくり診断カルテ」として学校教育現場へ画期的商品として発売することができました。平成十五年（二〇〇三）二月十九日には「木工用診断ゲージ」として実用新案登録願を提出することができました。

●従来の学習評価を一新

従来は木材加工分野での学習評価は作品のできばえを総合的に評価することで成績評価が行われてきたことと思います。そして、製作途中のそれぞれの工程における技能評価を行うことなく、最終学習成果物でアバウトに学習成果の評価が行われてきていました。

しかし、この「ものづくり診断カルテ」によって、一つ一つの工程における木工技能の学習が科学的な根拠をもって、診断し、評価し、学習できる体系化モデルが誕生しました。このような診断・評価・学習の体系化こそが技術学習の根幹をなすべきでありましょう。従来の旧態依然とした技術・技能学習がこの「ものづくり診断カルテ」の誕生によって、技術教育の学習形態が改善されることを大いに期待したいものです。

14　島根大学公開講座「木工教室」

●木工を市民へ広げよう

島根大学教育学部での中学校技術科教員、中学校家庭科教員、中学校美術科教員、さらには小学校教員(図画工作科)、養護学校教員(現在の特別支援学校)などの教員養成における木材加工、家庭工作、木工芸などに関して、教員が児童生徒を指導できるような知識と技能を修得させるのが私の仕事上の使命でした。

昭和五十五(一九八〇)年の頃から、従来の学校教育中心から生涯学習社会の構築が広く社会的に唱えられるようになりました。大学においては社会開放、リカレント教育の充実が具体的な対策であったように記憶しています。当時の文部省は大学開放の一つの事業として、大学公開講座に対して予算をつけるようになってきました。これが刺激となり、全国国立・私立大学は競うように大学公開講座を開き、地域社会に学習機会の提供を行うようになりました。

●島根大学公開講座「木工教室」のスタート

私自身も島根総合高等職業訓練校において、木工ものづくりのおもしろさを体感して以来、十年が経つ頃には、島根大学で教育学部技術教育専攻生を中心とした学生を対象に木工ものづくりの楽しさを教えるだけでは物足りなさを感じ始めていました。

▲第一回公開講座「木工教室」受講生と講師
（前列左端が筆者）

▲第一回公開講座「木工教室」の授業風景

生活に生かせるものづくり活動の「木工」を、地域社会にもっともっと広めたい。「木工のようなエキサイティングで、楽しくて、おもしろい創作活動を知らない人は不幸だ。ぜひ知って欲しい」「木工の世界を知ると人生観が変わるゾ!!」と言うような強い思いが私の頭を巡るようになってきていました。その具体的な行動の一つが大学公開講座「木工教室」の開講でした。

しかし、当時は私はまだ三十五歳で身分は講師であり、まだまだ経験不足もあったため、私一人で大学公開講座「木工教室」を主宰する力量はありませんでした。そこで、木工実技指導の恩師である杠《ゆずりは》繁先生や、島根大学農学部(現在の生物資源科学部)の木材科学関連講座の多くの先生方の協力を得て開始することとなりました。したがって、木工教室の企画は木材科学と木工技術を融合した理論と実践の長期間の講座となり、農学部木材科学講座の先生方や、一部島根大学以外の外部の木材・木工関連の専門家を講師にお招きしてスタートすることとなりました。このような経緯で、第一回の講座内容は次のような盛りだくさんの内容でスタートすることとなりました。

一　講師陣

島根大学農学部教官(四名)、島根大学教育学部教官・技官(五名)、島根総合高等職業訓練校教導(一名)、島根県立博物館職員(一名)

二　開設期間・開設日数・開設時間及び指導内容・指導時間

開設期間　昭和五十五年九月二十一日〜十二月七日　隔週日曜日十日間

開設時間　(三十時間)

指導内容　木工実習(二十時間)、木材の話(二時間)、木工の心理学的効用(一時間)、木工のデザイン(一時間)、木工具の話(一時間)、木の文化(一時間)、木工機械と電動工具(一時間)、木工芸の話(一時間)、木と彫刻(一時間)、木造住宅の話(一時間)

三　学習目標
　家庭生活に関連深い木材について学習し、さらに簡単な木工製品の製作を通して木材加工技術を習得する

四　木工実習製作品
　引き出し付き整理箱

五　受講生二十一名　男子十八名(平均年齢四十六歳)、女子三名(平均年齢三十六歳)

六　経費
　諸謝金　一七四、〇〇〇円
　校費　一二八、〇〇〇円

七　受講料
　二、〇〇〇円

●島根大学公開講座「木工教室」の特徴と反響

この公開講座の特徴としては、木工によるものづくり実習が二十時間と全開設時間の三分の二を占めていることです。全国の大学では京都大学、静岡大学などで木材科学を中心とした木材関連の公開講座が開設されていましたが、いずれも木材科学の講義や実験を中心にした学習内容でした。しかし、島根大学においては木工製作を中心にしたものづくり実習が主体でした。受講生は一般市

民であり、当時は社会的に日曜大工が一つのブームともなっていました。しかし、一般家庭では施設・設備を整えることも困難であり、騒音、防塵などを考慮すれば、それなりの施設・設備を備えた大学の木材加工実習室を市民に開放することは意味のあることでした。大学開放の主旨と、市民のニーズがちょうど一致することとなりました。

このスタイルの企画で、昭和五十五(一九八〇)年以後継続的に島根大学公開講座「木工教室」は島根大学教育学部木材加工実習室を開放し、地方大学としては教育研究体制が充実していた農学部の木材科学関連教官陣や教育学部木工関連教官・技官らのスタッフを総動員した陣容で実施していきました。また、当時の文部省も創始期にあった大学開放事業については、予算も潤沢に配分していただき、受講生には材料代の経費負担もなく、軽微な受講料で三十時間という長期間の講座を受講することができ、お値打ちな講座でありました。現在の大学公開講座とは比較にならないものでした。

当時としては、大学で木工が学べるということで、地元テレビ局もニュースとして頻繁に取り上げてくれました。一般市民にとっては、木工は各種文化教室や職業訓練校での受講が一般的と受け取られていたようですが、まさか大学で木材の講義を聴き、のこぎり、かんななどの木工具で木を切ったり削ったりと、身近な木材や木工技術が、高度な学問研究を行う大学で指導してもらえるとは予想外であったようです。

しかし、指導した先生方の大半は木材研究で博士号を持ち、それなりのレベルの高い学術研究を

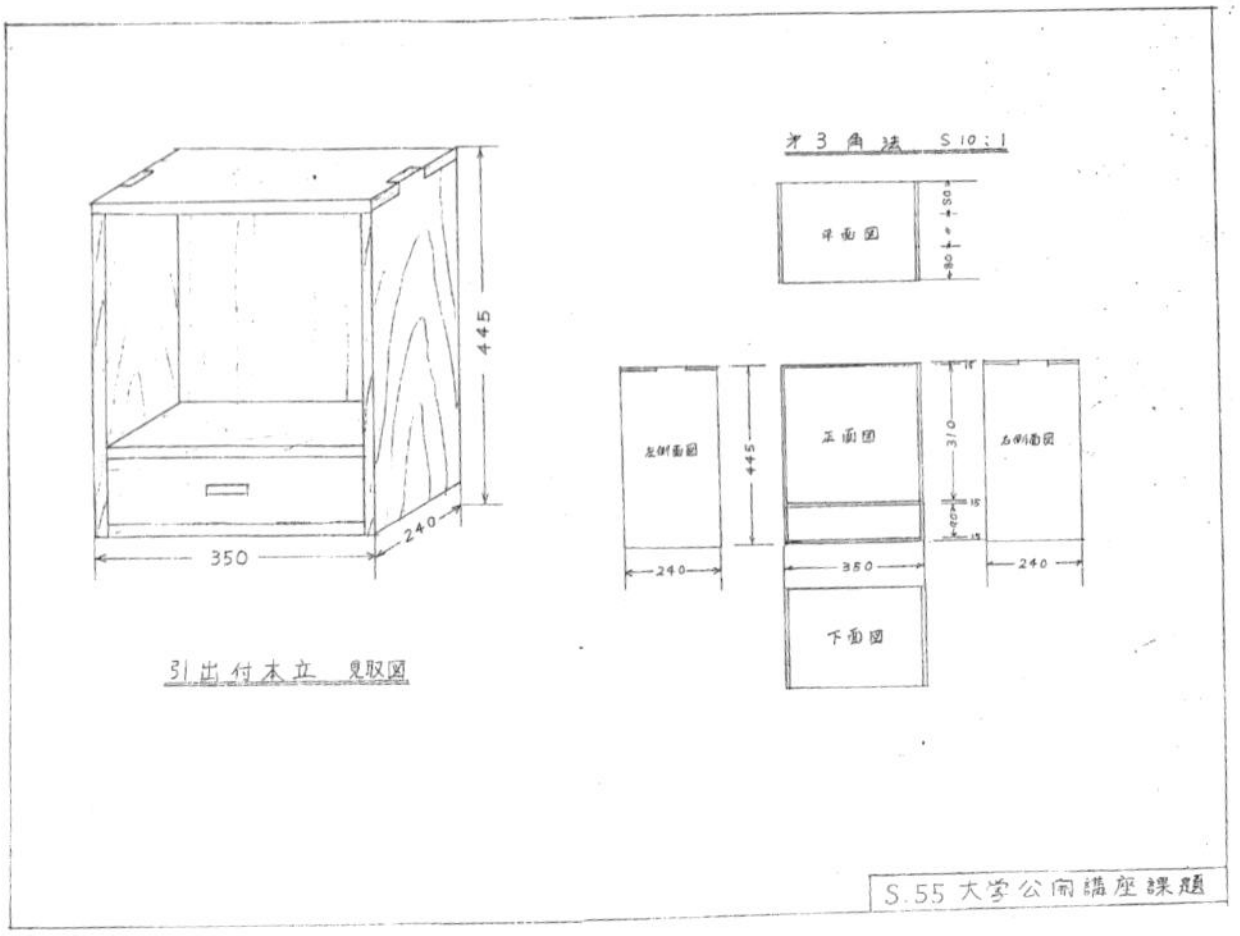

▲ 木工製作実習の作品課題

行っている教授陣でした。そして、私も木工技術ではハイレベルな指導を全国に誇っている職業訓練校で、基礎的で体系的な木工技術を、みっちりと杠繁先生から指導を受けていました。さらに、私の学位論文の研究テーマがかんなの木材切削機構であり、その研究の一端を指導場面の中でお話しながら、木工実技指導を杠先生と一緒になって指導してきましたので、受講生の皆さんからは「日本のかんなって、奥が深い精密木工具なのですネー」と驚き、そして、再認識。さらには、日本の木工技術は科学的な理論に裏打ちされた完成度の高いものであることに大変興味を示していました。このように、市民に好評を得た島根大学公開講座「木工教室」は二十五年近く継続実施されていったのです。

　この社会教育実践を通して、私の学社（学校教育と社会教育）連携への視野の広がりと重要性の認識が高まっていきました。

15　公開講座「木工教室」の継続学習への発展

●仲間と楽しむ、木工継続学習へと発展

　昭和五十五（一九八〇）年に第一回島根大学公開講座「木工教室」を開講しました。次の年の二月に受講生の皆さんからぜひこのような講座を継続して欲しい、そして、せっかく九月から十二月の四カ月間の長期間、皆さんとともに苦楽をともに学習してきた仲間と木工を通して交流を継続したいとの声が上がりました。主宰者である私としては、この上ない喜びでした。そして、第一期受講生の皆さんによる島根大学公開講座「木工教室」ＯＢ・ＯＧ会（後の島根大学松江木工クラブ）が結成されました。

　昭和五十五年に続き、同五十六年も島根大学主催の公開講座「木工教室」を開講することを約束して、第二回も是非皆さんに受講していただくことをお願いしました。このＯＢ・ＯＧ会の結成は、受講生を連続して募集できるメリットがありました。主催者が苦労する、受講生を定員一杯埋める苦労も軽減できて一石二鳥でした。でも、公開講座は年間を通しての開講ではなく、一年の内三～四カ月の間しか開講できませんでした。会員の皆さんにとっては年間を通して、木工を会員の

▲松江木工クラブ例会　機械加工

▲松江木工クラブ例会　手加工

皆さんと楽しみ、学び、交流したいとの願いがありました。そこで、毎月一回私の都合のよい日曜日にボランティアで指導者となり、島根大学教育学部木材加工実習室を会場に、午前十時から午後四時まで各自が材料を持ち寄り、各自好きな作品製作に取り組む活動をスタートさせました。これは大学公開講座受講後の発展した継続学習の具体例となりました。

このOB・OG会には昭和五十五年以降の公開講座「木工教室」受講生の内、熱心な方が入会され、会員数は多いときで三十名程度になっていきました。そして、平成二十一（二〇〇九）年現在会員数は二十四名で男女ちょうど半々の構成となっています。年齢層は職場を定年退職された男性や家庭の主婦が大半を占めています。

●みんなで運営、木工継続学習　活動の内容

毎月一回、私の都合のよい日曜日（週休二日制になってからは、土曜日開講もありました）に例会として開講し、常時約十名程度の会員が材料を各自で持参して参加し、公開講座で学習した知識と技能を駆使して、大学にある木工設備を使用し、各自が自由に木工作品の製作に励んでいきます。

▲松江木工クラブ作品展

▲松江木工クラブ作品展と会員

公開講座で学習していないところで不明な点は、私に尋ねて指導を受ける学習形態です。私は会員の皆さんが快適に、安全で安心して木工機械を使った加工もできるように、細心の注意を払いながら指導をしてきました。しかし、全くの素人ではなく、大学の公開講座を受講された方ばかりですので、大学の木工具や木工

機械の場所や使用法についてはほとんど指導の必要もないくらい要領を心得ておられ、私が指導に手こずることはさほどありませんでした。そこで、私が最も気配りをしたことは「よき木工仲間」として会員相互の「よい人間関係」を保つことでした。

昭和五十六年にOB・OG会が結成され、今年で約三十年になろうとしていますが、通信費などを含む会費の管理や会員相互の連絡とりまとめは、毎年輪番制で幹事さんが行っています。今まで、この幹事さんを困らせるような大きな悩みごとはほとんどありません。

会員相互の連帯感、協調性もすこぶるよく、会員の皆さんには、一年に一作品程度を完成させるスローペースで、会員仲よく木工を末永く楽しむことを目的としています。そして、和気あいあいにおしゃべりなどしながら、木工作業を行っていただくように心がけています。

とくに、昼食の時間などは島根大学近くのレストランの奥座敷を借り切って、一つのテーブルをみんなで囲んで、楽しく木工談義や木工以外の話題もまじえながら会食を楽しんで交流をしています。この昼食を挟んで、公開講座の学舎である島根大学で木工継続学習を楽しんでおられます。これは現代版の大学地域密着型学習の一例ともなっています。

●みんなで企画

毎年一作品を目標に製作してきた作品は、大半が生活に必要な実用的な家具や生活用具です。芸術作品はありませんが、労作、秀作、笑作、傑作など色とりどりの作品です。製作者としては、作品を多くの皆さんに見ていただける喜び、それが製作意欲に繋がる励みともなりますので、数年に一回、学習成果発表会を行ってはどうかと、会員の皆さんに話しかけるようにしています。このことがきっかけとなって今まで発表会を行ってきました。ショッピングセンターのセンターコート、電力会社の市民ふれあいホール、旧日本銀行金庫跡ホールなど松江市の中心地において、島根大学公開講座「木工教室」OB・OG作品展を大々的に開催してきました。会場準備、作品搬入、陳列、受付などは大変な作業でしたが、会員の皆様の仲の良い連携、協力で実に円滑に進みました。

見学に来られた市民の方は一様に、商品のような立派な作品に驚いておられました。また、地元ケーブルテレビでは日頃の会員の木工活動の様子や、木工作品展を番組に取り上げて放映したり、会員の皆さんがテレビ局のスタジオに出演する場面もありました。さらに、作品展では見学者から購入したいとの申込もあったりで、意外な反響に会員の皆さん方は大喜びの連続です。ふだん何気なく見ている自作の作品も展示会場で陳列し、他人の目にさらされると、見違えるような凛々しく立派な作品に生まれ変わった姿に変身して見えるようです。

▲木工研修旅行(竹中大工道具館前)

また、数年に一度は木工研修旅行を計画し、会員の皆さんと楽しく木工関連の施設を見学して、見聞を広めてきました。最近では神戸の竹中大工道具館、兵庫県立丹波年輪の里、三木市の鉋《かんな》製作所の研修旅行を行いました。有馬温泉での一泊も楽しい思い出となりました。

16　中高生の全国木工スキルコンテスト

●コンテスト実施までの経緯

平成十(一九九八)年度末三月に、学会事業として開催された技術教育振興を目的としたコンテストとして、日本産業技術教育学会主催で第一回「技術教育創造の世界」を実施しました。場所は愛知県岡崎市で、内容は「情報基礎」学習成果コンテストでした。

このころ、新しい学習指導要領が告示されたり、ものづくり基盤技術振興基本法の法制化などの社会の大きな潮流の中で、ものづくりの能力や技術の重要性が、人間形成や国家の産業基盤の確立のためにも必要であることが明確に示される時代になりました。このものづくりの技術の中で、最も身近に感じることのできる分野として木材加工があります。小学校図画工作科、中学校技術・家庭科の技術分野で学習したり、専門高校の建築科、インテリア科、総合学科などでも学習しています。

一般的には全国規模の木材加工に関する大会としては、製作競技大会などが最も最初に考えられます。しかし、参加選手の移動経費、会場設営、競技設備などの準備の煩雑さを考えると、その労

▲ **第九回産業教育フェア会場**（島根県松江市）

◀ **応募材料**（かんなくず、のこぎりびき切断材料など）

苦は並大抵のことではありません。そこで、応募者、実施者ともに全国から手軽で、経費が少なくて参加できる木工技能の技を競う方法として全国木工スキルコンテストを思いつきました。これはＮＨＫ合唱コンクールなどで行われる、テープ審査をヒントにしました。そこには、前述の木工作業動作の研究と木工技能診断カルテ作成が基盤にあります。これらの私の研究成果を基に、テープ審査などで木工技能を競わせる木工スキルコンテストの実施を考えました。

●かんなくずなどで審査

この木工スキルコンテストの内容を簡単に説明すると以下のようになります。

「かんな削り」では所定の大きさの板材の表面にスタンプインクを全面に塗って、その表面をかんな削りを行って、材料表面全面から完全にインクを取り除くまで、かんな削りをします。このときのかんなくずの形状、厚さで審査します。また、この時のかんな削り動作を側面からビデオ撮影して、この映像で審査します。

「のこぎりびき」では所定の大きさの板材を両刃のこぎりで横びきを行い、切断された切断面の真直度や直角度の精度を審査します。また、このときののこぎりびき動作もビデオ映像で審査します。

「くぎ打ち」では、板厚がくぎの長さより二ミリメートル程度小さい角材を使用し、材面の表と裏の両面の等しい位置に等間隔にくぎが打てるようにけがき、そこにくぎを立て、材面の表面から打ったくぎの先端が材面の裏面のどの位置に突き出てきたかで評価します。すなわち、くぎの打ち込んだときの傾きやずれの位置で評価します。当然、このくぎうち動作もビデオ映像として撮影し、この映像テープから動作を審査します。

「きりもみ」では所定の約十二ミリメートルの板厚の表面と裏面にくぎ打ちの場合と同じように「けがき」をし、材の表面からきりもみを開始し、貫通した穴が材の表面と裏面のずれを評価し、きりもみ動作の映像からも審査しました。

以上のように、木工作業四種目について、材料とビデオテープを応募先へ送ります。すなわち、かんなくずとかんな削りした材料及びかんな削り動作を撮影したビデオテープ。のこぎりびきした鋸断面の材料と、のこぎりびき動作を撮影したビデオテープ。五本のくぎをくぎ打ちした材料とくぎ打ち動作を撮影したビデオテープ。五カ所きりもみして穴を開けた材料ときりもみ動作を撮影したビデオテープを送ることにより応募することができる競技システムです。ビデオテープに撮影された四つの木工作業動作の映像から動作解析することによりそれぞれの技能評価を行います。このような競技形式で行えば応募者、実施者共に少ない経費負担で、競技大会を実施することができました。

●全国産業教育フェアと連携

この全国木工スキルコンテストは日本産業技術教育学会の技術教育振興を目的に行いましたが、前年度は「情報基礎」の分野で行いましたので、当年は「木材加工」で行うこととなりました。実行委員会は全国の日本産業技術教育学会の学会員で木材加工担当者を中心として、島根県内の中学校技術科教諭らを加えて構成されました。後援団体としては当時の文部省、労働省、林野庁、中小企業庁、島根県教育委員会、日本木材学会、全日本中学校技術・家庭科研究会、全国工業高等学校長会、島根県中学校技術・家庭科研究会でした。全国大会での中央省庁の大臣、長官賞などは応募者としては大いに励みとなる賞でした。

事業費につきましては、全国の技術教育関連の教育産業各社からの寄付金と、学会事業費など合計一八〇万円程度で行いました。内訳では教育産業各社からの多大な寄付金によるところが大でありました。さらには、応募者を多く募るための全国の中学校、工業高等学校などへの広報についても、教育産業各社の営業活動を通した広報活動の存在には多大なものがありました。このように教育関連の事業を実施する時には教育産業の存在の大きさを学ぶ貴重な場となりました。応募者は中学校八十校、三七一名。高等学校十七校、九十九名でした。北海道から九州まで広く全国からの応募があり、私達は全国初のこの大会としてはほぼ満足のいく成果を収め、喜びを分かちあいました。

幸いなことに、この全国木工スキルコンテストの成果を発表する場として、文部省主催の専門高校の学習成果発表の場である「第九回産業教育フェア」が島根県松江市で「さんフェア島根'99」として開催されることとなり、島根県教育委員会から私に協力要請がありました。このことは全く幸運なことで、全国木工スキルコンテストの成果発表の場所の確保や展示パネル製作費の負担、表彰式会場の提供、各大臣賞の賞状の手配など、島根県教育委員会がすべて行ってくれることになりました。

▲全国木工スキルコンテストの優秀スキル展示コーナー

▲木工スキル診断コーナー

このような好条件の中で、上位入賞者の見事な薄くて連続的なかんなくず、のこぎりびきした真っ直ぐで直角な切断面をもった板材、見事なまでに正確に鉛直に連続して打ち込まれたくぎ打ち用の角材、見事に鉛直に穴が開き、しかも連続的にきれいに穴の開いたきりもみした板材などが展示してあり、何とも奇妙なものが展示してある展示コーナーとして、最初は来館者の目に奇異に映ったようでした。しかし説明文を読んで展示物の意義を理解をしていただけたようです。

また、この展示コーナーの隣には学会員指導による木工スキル診断コーナーを設けて、このコーナーではどうしてもかんな削りがうまくできない方、どうしてものこぎりびきが傾いたり、曲がって切れてしまう方、くぎ打ちがうまくいかない方などを学会所属の大学教官が必ずうまくなるように指導しました。この木工スキル診断コーナーはなかなかの好評でした。

17 全国中学生ものづくり競技大会のスタート

●なぜ「創造ものづくり教育フェア」が？

従来、スポーツや芸術教科における学習成果競技会は一般的に全国レベルで大きな大会が実施されていました。普通教科では入試という学力を競う大会(?)が行われていました。そして、学校教育の中で中学校「技術・家庭科」では教科の学習成果を競う場が唯一ありませんでした。学習成果を「競う」ということには異論を唱える方も多々あろうかと思いますが、競うことによる学習成果の向上効果を一方では認めざるを得ません。

従来からものづくり分野では職業能力を競う「技能五輪国際大会」は有名であり、マスコミでも取り上げられて、日本人のものづくり能力の高さを誇示してきたり、その能力の低下を嘆いたりしてきました。

技術・家庭科は高等学校の入試科目になく、また、スポーツ、芸術などに関連する保健体育科、音楽科のような教科の華やかさもなく、社会的な認知度も決して高い教科とは言えません。義務教

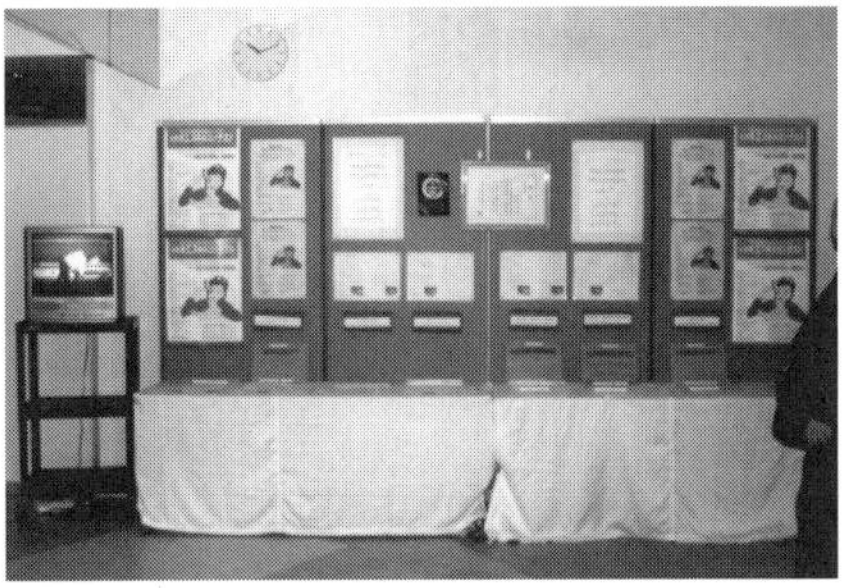

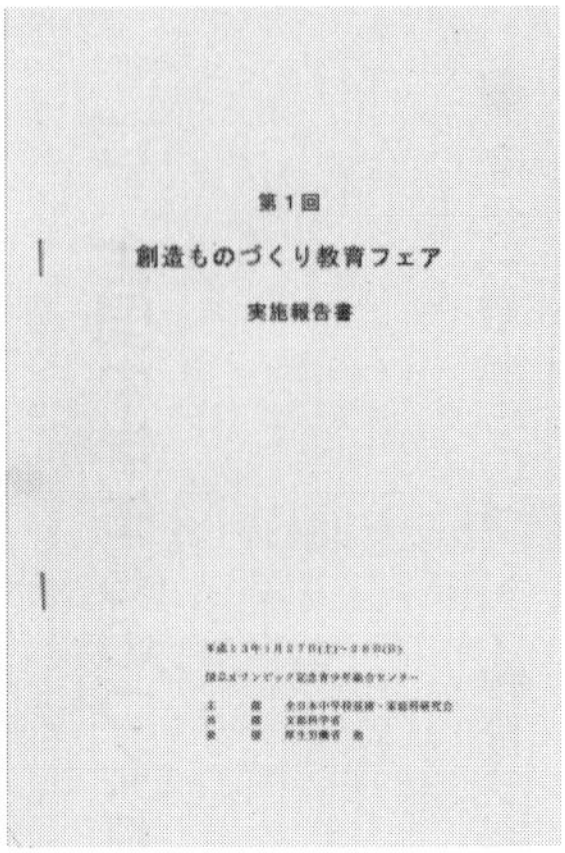
第1回
創造ものづくり教育フェア
実施報告書

▲第1回大会の島根県ブース
（木工スキル展示）

◀貴重な第1回フェア報告書
（元 全日中会長 鹿嶋泰好氏提供）

育必修教科の「技術・家庭科」の学習目的では、人間形成上重要な学習内容を含んでいながら、現在においてその価値が広く日本国民に認知されていません。それには、この教科の学習目標が過去において、職業教科から普通教科へと大きく変遷してきたことに由来していると言えましょう。

今日の激動する社会の中で日本の将来を考えたとき、「ものづくりは人づくり、人づくりは国づくり」をスローガンに、今こそ「ものづくりは人づくり」として技術・家庭科の教科の存在を日本国民に広く啓発し、教科認知度を高める必要から、この「創造ものづくり教育フェア」が立ち上がったと私なりに理解しています。そして、このフェアの競技の一つに、ものづくり競技大会『めざせ!!「木工の技」チャンピオン』があります。

●『めざせ!!「木工の技」チャンピオン』実現の経緯

日本産業技術教育学会木材加工分科会は社会の「ものづくり離れ」への対応の一環として、前述した全国木工スキルコンテスト実施などの実績を持っていました。そこへ、期をほぼ同じくして平成十三(二〇〇一)年一月二十七日(土)、二十八日(日)に、全日本中学校技術・家庭科研究会(略称　全日中)主催の第一回創造ものづくり教育フェアが東京・代々木国立オリンピック記念青少年総合センターで開催されました。その初日は珍しく東京で大雪の降る寒い日でした。この第一回大会へは島根県のブースへ島根県技術・家庭科研究会として、全国木工スキルコンテストにおける上位入賞者で島根県内中学生の結果展示物を、当時の原　智(旧姓 高橋)事務局長と長澤郁夫研究部長が展示しました。前述しましたように、かんなくず、両刃のこぎりによる板材の切断面などの異様な(作品ではない)展示物は多くの参加者の眼には奇異なものとして映ったようですが、逆に注目の的になりました。

私はちょうど旭川への旅行の途中に上京し、この第一回大会を視察して当時の全日中会長 鹿嶋泰好氏、文部科学省教科調査官 渡邉康夫氏、日本産業技術教育学会長間田泰弘氏らと今後の本フェアについて会談しました。また、この会場において大学時代の同級生で机を並べて卒業研究を行った、後の全日中会長に就任した塩入睦夫氏とも何十年ぶりかで再会することもできました。

この皆さんとの出会いがきっかけとなりその後、鹿嶋会長からものづくり競技大会実施に向けた協力要請が私のところにありました。具体的には、平成十三年五月一日に東京・大田区大森第六中学校で鹿嶋会長、さらには全日中の幹部と、日本産業技術教育学会木材加工分科会と日本木材学会林産教育教科委員会第一分科会関連の代表者として、今山延洋先生、池際博行先生を中心に集合し、ものづくり競技大会をフェアの企画として実施する構想が練られました。

●全国最初の学会と全日中の連携協力体制

教育行政では教員の「養成・採用・研修」の連携はスローガンとしては、以前から唱えられていました。しかし、教員養成大学・学部は従来から教育現場との連携協力がない異常な状態が継続していました。私も教員養成学部に身を置きながら、この不自然さを何としてでも解消しなければと自分なりに努力をしてきたつもりですが、体制は動きませんでした。しかし、近年の国立大学法人化によって、やっと体制が動き出した感があります。

私達は平成十三(二〇〇一)年から技術科教育を研究する学術団体である日本産業技術教育学会の木材加工分科会と全日中とが「全国中学生・創造ものづくり教育フェア」の中の企画の一つである「ものづくり競技大会」を実施するために、競技内容、実施方法、審査方法などのノウハウは主に学会が担当し、生徒の応募、指導、地区大会や全国大会実施などを全日中が主に行うことでの役割分担ができました。

当時の全日中会長 鹿嶋泰好氏の強力な指導の下、全日中事務局長の奥山拓雄氏、茨城県教育研究会技術・家庭科研究部事務局長でものづくり競技大会担当の小林健一氏らを中心としたメンバーと学会員との連携により実行委員会が構成されました。学会と全日中の全国のそれぞれ七地区組織でも支部として連携をとることができました。これにより地区大会を経て全国大会への道程の骨格ができました。そして、実際に地区大会を行う場合の問題点としては、競技材料費負担、生徒の競技会場までの移動とその経費などの問題を考慮して、映像テープと資料送付で応募できる木工スキルを中心にした第一回の地区大会を実施することとしました。

しかし、全国大会では実際の製作競技を行うために、大会役員や全国大会出場者を引率する教員の東京までの旅費、生徒派遣旅費、全国大会競技材料費負担など数多くの困難がありました。しかし、学会員の大学教官としての経費捻出の工夫や、教育産業界や各種団体の協力により、何とか第一回全国中学生ものづくり競技大会を実行することができました。当時の中学校や大学の教育現場には、今よりは多少の時間的余裕があったのかもしれません。だからこそ、このような新しい全国規模の企画を計画し、教育現場の教員で構成する研究会が主催母体となり、そこへ教員養成系の学術団体が協力して実施できたのではないかと思います。

▲第 1 回ものづくり競技大会のチラシ
（創造ものづくり教育フェアの第 2 回から実施）

▲第 1 回ものづくり競技大会の報告書
（当時静岡大学教授　今山延洋氏作成）

このように、学術団体である学会と全日中の連携協力体制によって第二回創造ものづくり教育フェアから、第一回ものづくり競技大会『めざせ!!「木工の技」チャンピオン』を実施することとなりました。

全国の教員養成大学・学部の先生を主メンバーとして構成される教科教育学関連の学会は国語、数学、理科など各教科ごとにあるわけですが、そこには教育現場の教員が含まれることは少数です。このように大多数が大学教官を主構成メンバーとする教科教育学会関係と、学校教育現場の教員を主構成メンバーとする研究団体との協働によって、教科に関する学習成果競技大会を実施するのは、私達の技術科教育が最初であったと思います。

18　全国中学生ものづくり競技大会の変遷

●『めざせ‼「木工の技」チャンピオン』第一回大会

第一回大会から第四回大会までは東京代々木・国立オリンピック記念青少年総合センター（オリセン）カルチャー棟において実施しました。第一回大会は平成十四（二〇〇二）年一月二十六日（土）、二十七日（日）に行い、初日は製図と製作競技、二日目は成績発表と表彰を行いました。本競技開催日は中学校教育現場の諸行事を勘案して、最も都合のよい日ということで、今後の大会も一月のこの期間に行うことが決定されました。

第一回大会では、地区大会から選抜された二十名の全国大会出場者を一堂に収容しての競技ができず、小さな木工室、金工室など三つの会場に分散し、一台の工作台に二名の競技者で実施となりました。競技の進行環境としては決して恵まれた状態ではありませんでした。

第一回の競技内容は次のような課題を前もって提示しました。「与えられた材料（長さ一〇〇〇ミリメートル、幅二〇〇ミリメートル（一〇〇＋一〇〇ミリメートルの二枚の板を幅方向で接着した材料）、厚さ十二ミリメートルのヒノキ板材二枚）を用いて、創造性豊かな作品を構想し、制限時間内に、一個または一組製作しなさい」でした。製図には午前十時～十一時の一時間にキャビネット図または等角図を描かせ、さらには材料取り図、工程表を書かせました。そして、製作競技は十一時三十分から一時間四十五分の休憩をはさんで十七時までとしました。今から思うと、製図を行わせ、さらに製作（実質三時間四十五分）という競技者にとっては非常に厳しい条件でした。木工具（さしがね、直角定規、けびき、両刃のこぎり、かんな、くぎ抜き、げんのう、四つ目きり、鉛筆）は各自が持参する方法で行いました。有名な技能五輪と基本的に競技内容が異なるのは、各自が構想し、全員が異なった作品の製作を行う点です。技能五輪では図面が与えられ、全員同一作品の製作です。

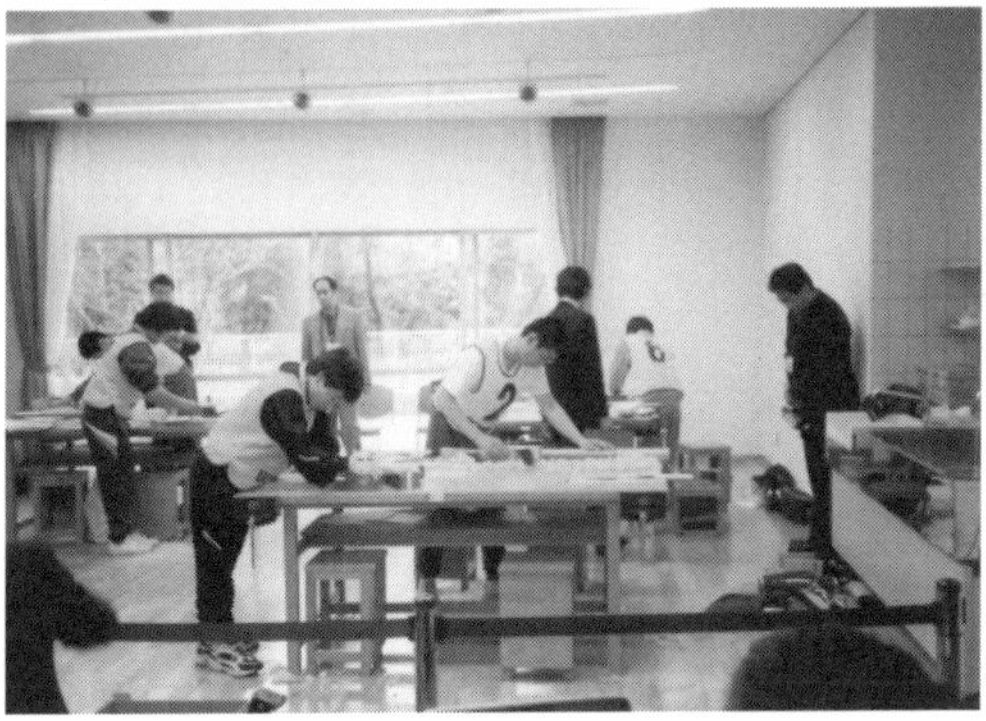

▲第１回大会の狭い競技会場

審査評価の方法は①評点方式によるスキル評価と②行動観察による総合的評価でした。そして、評価の観点（スキル評価）は、①個性を活かした創造活動、②技術的課題解決能力、③ものづくり技術、④作品の仕上がりの四点でした。最後には総合評価として態度、創意工夫、個性などを審査することにしました。

表彰は以下のようにしました。文部科学大臣奨励賞（金賞）は上位二名のうち、前述の評価の観点

①、②が最も高い者。厚生労働大臣賞は上位二名のうち評価の観点③、④が最も高い者。以下、林野庁長官賞、全日本中学校技術・家庭科研究会長賞、日本産業技術教育学会長賞、審査委員長賞、優秀賞(審査委員長賞以下の競技者全員に授与)です。

このように全国で初めて実施した木工ものづくり競技は、全日中の会員と私達学会実行委員の見事な協働により、第一回大会を無事終了することができました。このような競技大会に全く経験がなかった実行委員長の私は、初めての大会がいろいろ問題点を残しながらも、滞りなく終了できたことで本当に大きな自信を持つことができました。そして教員養成系学会と全日中の全国初の協働モデル・ケースが確立できたことを、私は心から嬉しく思っています。

●第二回大会〜第四回大会

第二回大会(平成十五年)では一回目の反省を踏まえて、前泊をなくすために初日の製図をなくしたり、規定課題として、当日に等角図に示された作品を全員同一の小型の作品を一時間三十分で製作するものを導入しました。そして、さらに四時間の自由課題の製作競技を行う二本立てで行いました。また、競技会場をリハーサル室という小さな体育館のような会場に移し、全員を一堂に会しての競技へと改善を行いました。

第三回大会からは使用材料の板厚を十二ミリメートルから十五ミリメートルへ変更し、追入のみの使用を認めることとしました。そして、平成十七(二〇〇五)年の第四回大会では規定課題をやめ

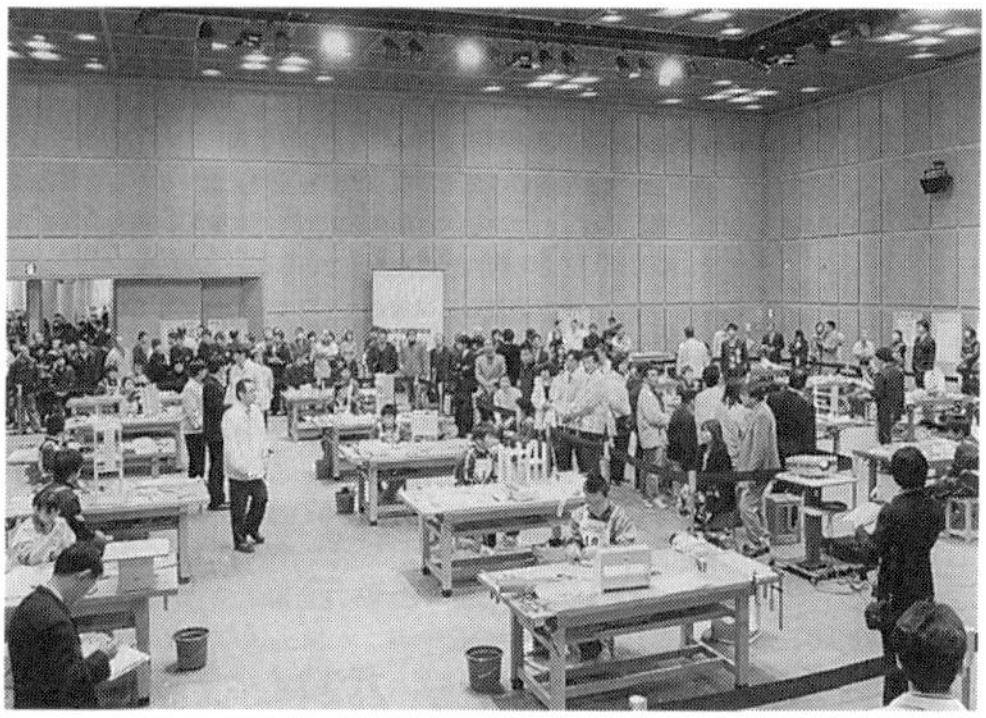

▲第 7 回大会のつくばでの競技会場

て、使用材料の長さを一メートルから九十センチメートルに変更しました。さらに、新たにプレゼンテーション部門を設けました。これは作品を目の前に置いて、作品の工夫点、作品の使用法、アピールしたい点、「私とものづくりの夢」などを二分間でスピーチする競技です。このプレゼンテーション部門導入の趣旨は、とかく技術者や職人は寡黙で口語表現力が劣ると言われることから、技術者は自分の考えや思いを分かりやすく、明確に話す力が必要とされると考え、思い切って導入をしました。

また、第四回大会からは使用木工具は実行委員会から提供した全員同一のもの使用することとして、工具差による技術力への影響を排除することとしました。さらに、自由課題製作競技においては一定の製作条件（五つのアイテム〔技術・家庭科教科書、ＶＨＳビデオカセット、ＶＨＳ-Ｃビデオカセット、ＭＤ、ＣＤ〕のうち、二つ以上のアイテムを収納ができる作品を製作）を設けました。

このように、第一回から四回までは東京・代々木のオリセンにおいて、競技内容に順次改善を加えながら公平で公正で、より安定した競技方法を模索していき、第四回大会でほぼ競技方法も確立していきました。

●第五回大会～第七回大会　つくば国際会議場

第五回大会（平成十八年）からは、東京都心秋葉原からつくばを四十五分で結ぶ、つくばエクスプレスの開通を記念して、茨城県から「全国中学生創造ものづくり教育フェア」を誘致していただきました。恵まれた会場のつくば国際会議場全館を借り切って行うことができるようになり、三年間はこの会場で行うこととなりました。本会場は競技場面積も広くなり、やっと競技者一人に工作台一台で理想的な形で競技ができるようになりました。また、製作競技時間は四時間三十分で行うこととなり、競技者にとっては多少ゆとりのある競技時間となりました。

第六回大会では、京都議定書に基づく二酸化炭素削減に関して森林資源、木材資源の重要性を訴えるための林野庁による「木づかい運動」の広報スペースを競技場入り口に設けていただきました。また、教育界へのその他各種木工技術の啓発事業を各種機関、団体によるブースやコーナーも数多く設けていただくことができました。また、第七回大会からは競技内容として、千円以内の蝶番、角材の使用を認めることとして、作品に多様性を持った構想が工夫されることを図ることとしました。

▲第 9 回大会の舞台上での競技会場

▲第 9 回大会のプレゼンテーション会場

▲第 9 回大会出場者全員と作品の記念撮影

●第八回大会〜第九回大会　北千住シアター一〇一〇

第八回大会(平成二十一年)からは、つくばから再び東京に戻り、足立区の支援により北千住のシアター一〇一〇において実施することになりました。競技場は大きな劇場のステージ上に移ることになりました。最初この話を聞いたときには半信半疑でした。しかし、舞台(ステージ)上がこんなに広いとは思いませんでした。工作台二十台を十分に配置することができました。今大会の目玉は、平成十九(二〇〇七)年静岡で開催された技能五輪国際大会に使用した工作台を使用したことでした。また、今大会から島根県にある(財)田部謝恩財団から金銭的な支援と副賞の提供がスタートしました。さらには、林野庁の木育推進のための助成制度の活用により、さまざまな支援体制の広がりのある大会になりました。

この第八回大会が無事に終了したのを見届けて私は実行委員長を退任し、後任に道を譲ることにいたしました。八年間の責任ある任務を離れて、私としては気楽な立場で初めて第九回大会を見学することができました。そして、第九回大会は新しい実行委員長の芝木邦也氏の下で開催された最初の大会となりました。

19　カルホーン先生との交流

●ペン・フレンドからのスタート

私の国際交流歴は比較的遅くから始まりました。学位も取得し、研究も一段落した昭和六十二(一九八七)年ごろからであったように記憶しています。それまでは私は国際学会にも出席したこともなく国内の学会一筋に研究発表を行ってきました。しかし、年齢的にも四十歳を過ぎ、国際交流をするにはすでに遅い年齢に達してきました。でも、身分は助教授でもあり絶望的な年齢ではありません。

ちょうどこの頃、島根大学は国際交流を促進する動きが始まり、海外に多くの姉妹校の協定を結ぶ動きが活発化してきました。アメリカではワシントン州エレンズバーグにある州立のセントラル・ワシントン大学(ＣＷＵ)と、ケント州立大学の二校と姉妹校の協定を結んでいました。私の専門である木材加工がこのアメリカの二校にあるかどうか興味をもって、大学ガイドブックで調べてみましたところ、幸いにも両校にその専門があり、専任の教授が在籍していることが分かりました。ちょうどその頃、島根大学教育学部の英語教育研究室の山田政美先生がＣＷＵに長期研修でお

▲ カルホーン先生の研究室で緊張の初対面

◀ 美術のギャリブレイス先生と木工作品

いでになりました。山田先生を頼ってお手紙を出し、ケン・カルホーン(Ken Calhoun)先生に、木材加工を専門にしている島根大学の山下が交流を希望しているが、交流相手になっていただけるかどうかを打診していただきました。すると、即座に承諾の返事とカルホーン先生の担当授業のシラバスが送られてきました。

当時はまだ、インターネットはなく航空便(エアメール)で一週間かけてのやり取りでした。カルホーン先生とお互いの木材加工の授業の内容紹介、著書、研究論文の紹介をすることからペン・フレンドとして、交流が始まりました。

●初めてのアメリカ訪問の不安

ペン・フレンドとしての交流によって、お互いの大学人としての状況が理解できるようになればなるほど、私はぜひ訪問して直に会ってみたくなりました。ちょうどそのころ幸運にも、私の友人で島根大学教育学部音楽教育研究室の手塚実先生がCWUへ留学することになりました。手塚先生の留学中に訪問すれば、住まい、英会話などで困ることもないだろうし、何かと都合が良いと思っていました。手塚先生にとっては迷惑な話かもしれませんが。それまで私はハワイ以外のアメリカ合衆国へは行ったこともなく、アメリカ人との交流も全くありませんでした。このような国際経験未熟な私でしたから、ついつい人を頼りにしていました。

さて、いよいよ昭和六十三(一九八八)年にCWU留学中の手塚先生を頼りにして、ケン・カルホーン先生を訪問することになりました。成田空港からシアトル・シータック空港までは直行便で簡単に行くことができますが、そこからCWUのある人口約三万人のエレンズバーグまでは手塚先生に迎えに来ていただかないと一人では行くことができません。アメリカは車社会で、シータック空港から日本のように鉄道があるわけではありません。乗り合いバスのグレイハウンドは危険で、お上りさんはチョット乗るわけにいきませんでした。

手塚先生はエレンズバーグでは、当然車を持って市内の通勤、買い物に利用しておられましたが、エレンズバーグの田舎町からシアトルの大都会まで、約二時間かけて車で来るには大冒険でした。しかし、私としてはシータック空港まで迎えに来ていただかないと困ってしまいます。そこで、手塚先生も必死の思いで私を空港まで迎えに行くことを約束してくれました。ただし、到着するのに何時間かかるか分からないから、とにかく手塚先生が空港に到着するまで、何時間でも待っていて欲しいとのことでした。私の乗った飛行機は定刻通り到着しましたが、やはり空港には手塚先生の姿はありませんでした。私は待合室で何時間でも待つつもりで英字新聞でも読むふりをしながら、不安を抱えて手塚先生の到着を今か今かと待っていました。でも、予定より一時間程度の遅れで手塚先生が現れ、先生の顔を見たときの安堵感は今でも忘れられません。それくらい私の初めてのアメリカ訪問は心細い状態でした。

●カルホーン先生との初対面

私の英会話は中学生程度の力しかありませんでした。ネイティブの方との会話経験は全くない状態でのカルホーン先生との対面です。当然、カルホーン先生も日本語は全くだめです。両者はそれぞれが言葉に不安を持ちながらの初対面となりました。

手塚先生の案内でカルホーン先生の研究室へ入りますと、研究室には京都外国語大学からの女子留学生が通訳として私を待っていてくれました。最初はその留学生を介して、カルホーン先生と話を進めていきましたが、次第に専門的な木材加工の教育研究の話になりましたら、専門用語が留学生には理解できなくなり、ついには留学生を抜きにした会話となっていきました。カルホーン先生の木材加工実習室へ案内され、実物の木工機械、木工具などを目の前にすると、私の知っている木材加工の専門用語を口にするだけでも十分に意思の疎通ができることが分かりました。私も次第に自信が湧いてきました。木工機械は世界各国共通のものが多いのですが、木工具につきましてはそれぞれのお国柄があり、形が違ったり、使用方法が異なっていて大いに興味をそそられました。

ところが、しばらく話をしているうちに、カルホーン先生の授業時間となってしまい、私は先生の友人で美術の木工芸を教えているギャリブレイス先生に預けられてしまい、ギャリブレイス先生の自宅と自宅にある木工房へと車で案内されてしまいました。車中でのギャリブレイス先生との木材加工以外の何気ない英会話では、半分以上聞き取れなくて、凍り付くような時間帯でした。また、先生の自宅や木工房での会話も半分以上は意味不明であり、早くカルホーン先生のところへ戻りたくてしかたがありませんでした。

でも、ギャリブレイス先生はサービス精神旺盛で一生懸命私に流ちょうな英語で話しかけてくるのですが、受け止める私は冷や汗ものでした。

●カルホーン先生宅での夕食会

私はエレンズバーグ市内のモーテル「サンダーバード」に宿を取りました。訪問した最初の夕食はカルホーン先生の自宅(CWUの裏手のパークレーン地区にありました)に案内され、手塚先生ご夫妻が一緒に夕食に臨むことになりました。そして、初めて奥様に会う緊張した場面です。そして、奥様との会話の話題は当然、私たちの専門の木材加工以外になるでしょう。私の家族のこと、日本の大学のこと。松江の町のこと……どんな話題で話が弾むだろうか? 洋食は無事に食べられるだろうか。沈黙が続いたらどうしよう……。不安が尽きませんでした。

案の定、この夕食は何を食べたのか、味はどうだったのか、全く記憶になく、味も感じ取ることができませんでした。食事中の「put in」が菓子の「プリン」と聞こえたり、どこに「プリン」があるのかと誤解したり、会話の内容が全く分からないまま、夕食は終わりました。次は居間での食後のコーヒーと団らんでした。私は右手に英和辞典、左手に和英辞典を持っての必死の会話でした。でも何とか両辞書を使いながら半分程度は理解できたような気がしました。

●CWU訪問初日

▲先生宅居間での全員写真

その日から一週間のCWUの滞在計画ですので、初日は時差ぼけもあり、早く夕食後の団らんから開放(実は英語からの開放)していただき、カルホーン先生に車で送ってもらいモーテルに戻り、眠ることにしました。ところがベッドに入っても、CWU初日のカルホーン先生との初対面、ギャリブレイス先生宅の訪問、カルホーン先生宅での奥様らとの初めての夕食など……私の人生、生まれて初めての英語ずくめの一日は、私にとっては極度の緊張でした。なかなかリラックスできなくて、ビール、ウイスキーを飲んで気分を和らげようとしましたが、全く張り詰めた神経をゆるめることもできず、初日の夜はついに一睡もできませんでした。

20　カルホーン先生との友情二十三年

●家族同様のお付き合いへ

昭和六十三（一九八八）年、初めてのカルホーン先生訪問から本格的な交流が始まりました。そして、平成二（一九九〇）年には島根大学サマースクールの引率教官としてＣＷＵ（セントラル・ワシントン大学）へ三週間出張することとなりました。島根大学の学生と島根県立女子短大学生総勢二十五名程度であったと記憶しています。このサマースクール期間中にはホームステイがあり、私は週末の金曜日と土曜日にはカルホーン先生のお宅に宿泊することになりました。これが私のアメリカ人宅に泊まった最初の経験でした。このサマースクール引率教官により、私は二年連続してカルホーン先生を訪問したことになりました。

そこで平成三年にはカルホーン先生と奥様のシースさんに、ご夫妻でぜひ一度日本に来ることを勧めて、訪日が実現しました。この訪日により私の妻の緑とシースさんは初めて顔を合わせることとなりました。このときから、家族ぐるみの本格的な交流がスタートすることになりました。しかし、妻の緑はまだカルホーン先生宅、ＣＷＵやエレンズバーグを訪問したことがありませんでしたので、平成四年には、私達夫婦が揃ってエレンズバーグを訪問することとなりました。このときには私の英語力もかなり上達し、日常会話はほとんど不自由なく話せるようになり、妻も驚いたことと思います。

平成五年にはカルホーン先生の娘さんのカミーちゃんの結婚式に私が招かれて、再度訪問することになりました。アメリカ人の結婚式に出席するのは初めてで、どのような結婚式になるのか、また、披露宴はどのように行われるのかさっぱり分からないまま好奇心と不安の中で参列しました。披露宴には親戚の皆さんが集まり、日本人は私一人で緊張しながらも家庭的な雰囲気で行われ、日本の披露宴とは全く異にしたスタイルには驚かされました。

このように私達とカルホーン家とは次第に家族同

▲ケンとシースの初めての我が家訪問(平成3年)

▲ケンの娘カミーちゃんの結婚式(平成4年)

様のお付き合いができるようになっていきました。また、シースさんの弟のテキサスに住んでいるディックや妹のアリゾナに住んでいるナンシーともカミーちゃんの結婚式で親しくなり、その後、私がエレンズバーグへ行くと必ずテキサスとアリゾナから会いに来てくれます。このように兄弟も含めた大家族の友情の輪が広がっていきました。

●研究面での交流も

さらに平成七年には北海道教育大学旭川校での国際生涯学習シンポジウムには芝木邦也先生の計らいで、カルホーン先生が講演者として招待されることとなり、奥様のシースさんも同行され、再度の来日となり、北海道の秋を楽しんでいただくこともできました。旭川でのシンポジウムの後、幸運にも日程的に連続して京都で開催されたウッドマシニングセミナーにも参加していただくことができました。このように日本での学術交流においても参加でき、次第に家族的な交流のみならず学術研究上でも交流と協力し合える関係へと進んでいきました。

さらに平成八年には、私は当時の文部省短期在外研究で二カ月間ＣＷＵのキャンパス内にあるアパートに、妻とともに住みながらアメリカの生活を経験することもできました。そして、ＣＷＵのカルホーン先生の研究室で一緒に机を並べ、毎朝モーニング・コーヒーを二人で楽しみながら、日本の木材加工教育やアメリカの木材加工教育について議論をしました。さらに、カルホーン先生の授業を受講したり、私がＣＷＵの学生に日本式のかんなの刃の研磨法やかんな台の調整法、さらには日本独特の引き動作によるかんな削りのデモンストレーションをしながら、英語で講義を行ったりしていました。一方、妻は幸いなことにCWUのESL(母語が英語以外の人向けの英語教育)において、英語の授業を受けさせていただくことができ、夫婦でCWUのキャンパスライフを満喫することができました。

帰国した翌年の平成九年には、日本産業技術教育学会全国大会(鳴門)で、アメリカの木材加工教育に関する特別講演者としてカルホーン先生をお招きすることもできました。さらには二〇〇二年には私の娘がハワイで結婚式を挙げることとなり、アメリカ本土から駆けつけて参列していただきました。この十四年間の間にたびたび訪問したりされたりして、私とカルホーン先生との友情の絆は家族面と研究面の両面から一層深いものとなっていきました。

▲ケンの木工房で木工研修(平成20年)

●ケン&シースと日本と韓国の多くの友人

一生涯を通じてつきあうことのできる友人となったケン&シース・カルホーンは、本当に紳士と淑女のステキなタイプのアメリカ人です。私の日本の友人の多くは、ケン&シース・カルホーンと友人になれたことは幸せであると、みんなが羨まし

▲ **韓国・全北大イー教授夫妻、ファン助教とともに**
(平成21年)

がります。事実、彼らは優しくて、思いやりがあり、気配りもでき、穏和でありアメリカ人らしくないのです。日本人以上に日本人のようです。このようなすてきなアメリカ人ですので、私も多くの友人に彼らを紹介しました。その新たな友人とともにアメリカを訪問することもしばしばでした。

松江と出雲の木工同好会の会員の皆さんや出雲科学館のスタッフ、日本の技術教育の研究者、さらには私の娘夫婦と二人の孫たちです。なかでも出雲ウッドフレンズの皆さんとのアメリカ訪問旅行や、島根大学准教授の長澤郁夫先生、出雲科学館講師の原　知子さんとのカルホーン先生の自宅敷地に新設したプライベートな木工房でのアメリカ木工研修は貴重な経験でした。

その他にも、今でこそ日本では一般的になりましたが、大学教育改善のＦＤ(Faculty Development)につきましても島根大学教育学部の若い先生を引率して、先進地ＣＷＵでのＦＤ調査、さらには、アメリカの工科系大学生学習成果競技大会の視察として、ネバダ州リノで開催されたＡＳＣ(アメリカ大学生学習成果競技会)を、芝木邦也(北海道教育大学・旭川校)先生と永富一之(当時の宮崎大学教育文化学部・現在、大阪教育大学)先生と視察にいきました。この時もカルホーン先生には大変お世話になりました。そして、休日にはエレンズバーグ郊外で四人でクロスカントリー・スキーも楽しむこともでき、スキーを通じた交流の輪も広がっていきました。

そのころ併行して、私は韓国の木材加工研究者らとの間で木育(木材加工に関する教育活動)に関する交流を始めていました。とくに、韓国・全北大学のイー・ナムホー教授とファン・ウイドウ助教、さらにはソウル大学のイー・ジュンジェ教授らとの間で日韓交流を頻繁におこなっていましたので、ケン&シース・カルホーンを一度は韓国に案内して、韓国の研究者を紹介したいと思っていました。そして、平成二十一年九月にはケン&シース・カルホーンを韓国・ソウルで開催されている、韓国版・木材普及フェスティバルである「Ｗｏｏｄ楽Ｆｅｓｔｉｖａｌ」に招待することができました。ケン&シース・カルホーンにとっては訪韓は初めてでしたので、大変興味を持って韓国を楽しまれていました。

この訪韓時には東京、松江、出雲にも滞在して、私の孫の真太郎と凜子に会っていただいたり、出雲ウッドフレンズのメンバーや、カルホーン先生の木工房で木工指導を受けた出雲科学館の原 知子さん、さらには島根大学の長澤郁夫先生らとも再会することができたりして、回を重ねて会うことにより、私以外の友達とも次第に友情を深めていくことになりました。

21　技術科教員養成の反省と期待

●教員養成大学・学部の問題点

私は島根大学教員養成学部に四十年間勤務することとなり、その四十年間を振り返ってみることとしました。昨年度から免許更新制度が導入されたり、民主党政権が教員養成六年制を提唱したり、にわかに教員養成が社会の注目を浴びるようになってきました。教員養成機関内部に直接身を置いて四十年間仕事をしてきた私から見た視点で教員養成学部の問題点を掲げてみましょう。

私にとりましては、教員養成学部内部には三民族（考え方、評価が異なる教官の集団）が存在し、いつまでも民族闘争をしているように思えてなりません。この三民族とは、①教職系民族（教育学、教育心理学）、②教科教育系民族（技術科教育学、理科教育学など）、③教科専門系民族（木材工学、機械工学、物理学など）です。教職系教官や教科教育系教官の出身学部は教育学部で一致していますが、教科専門系は理学部、工学部、農学部、文学部、経済学部、法学部などそれぞれです。もちろんこれらの三系統分野は教員養成にとっては必要条件であります。しかし、これらの三系統分野はほとんど融合、連携のない全く分離独立した存在として機能してきました。

各教員養成大学、学部におけるそれぞれ三民族の教官構成比率は、おおよそ教科専門系が五〇％、教職系が二〇％、教科教育系が三〇％です。教科専門系の比率が高いのですが、これらの教官方の意識は常に、木材工学、電気工学、物理学などの従来の専門分野に軸足を置いた研究姿勢です。ですから、中学校技術科教育などにはほとんどと言って良いほど、関心を持っていませんでした。学会所属も木材学会、電気学会、物理学会などです。

この三系統の教官がそれぞれ他系統との融合、連携を試みようとする動きは全くと言っていいほどありませんでした。このような体制でも教育職員免許法に合致しており、何ら問題なく合法的に免許状が発行されていき、社会的に問題になりませんでした。

このような体制は、教育職員免許法一部改正が昭和六十三年暮れに成立して、教員の免許制度が平成元年四月から大幅に改められるまで続いてきたのです。私は昭和四十五年に教員養成学部に就職し、二十二年間このような旧体制の教員養成制度の下で勤務してきました。

そこで、私は島根大学教育学部の教科専門系(木材加工)で就職しましたので、専門性の証として学位取得は当然でしたし、さらに木材加工の実技指導も当り前でした。この二つの必修条件を早急に満たすことが教科専門担当教官としての教授昇格の必要十分条件であると思い込んでいました。そして、これに向かって、研究や研修に邁進してきたことはすでに本書に書かせていただきました。

●教科専門担当教官の悲哀と希望

この三民族問題以外にも深刻な問題を技術科教育では抱えていました。社会情勢が工業の近代化、先端技術の発達にともなって、電気、機械分野が台頭し強化され始めました。工業化社会になればなるほどこの傾向が顕在化してきました。学校教育における義務教育内容も電気、機械分野が強化され、島根大学では電気・電子分野は弱電、強電、電子などの分野を担当する教官二名と技官一名。機械分野では機械、製図、システム工学などの分野を担当する教官三名を抱えていました。まるで工学部のようになっていました。私の担当する木材加工では教官一名と技官一名でした。島根大学には工学部が当時はありませんでしたので、島根大学全体としてはこの傾向は喜ばれたことと思います。

しかし、私の専門の木材加工は島根大学においては農学部が存在し、林学科の中に木材工学専攻があり、地方大学としては木材工学に関する改良木材学講座と木材加工学講座の二つが存在していました。したがって、いつも農学部の木材工学専攻の先生方から、教育学部での木材加工として、私がどのような内容の研究をし、何を学生に指導しているのかを問われていました。もしも、同じような研究や教育を行っているのならば、農学部へ配属替えにしてはどうかと、実に厳しい問題を突きつけられていました。

島根大学には工学部はありませんでしたので、電気や機械の教科専門の先生方は平然と工学部の機械工学、電気・電子工学を名乗っていても、誰からも責められませんでした。もし、工学部があったら私と同じような責めを受けていたでしょう。このような二つの立場が総合大学の中の教員養成学部では存在していましたが、単科大学の教育大学ではどうでしょうか。私の場合のようなことはあり得ないと思います。

教員養成の単科大学の教科専門担当の先生は一国一城の主として、工学部と同じような研究や教育活動をしていても、誰からも責めを受けずにいつまでも安泰であります。私の僻みから表現させていただければ、工学部の二番煎じ、三番煎じの研究教育活動をしていても、存在を学内では認めてもらえるのです。工学部や農学部での研究は莫大な予算が必要ですし、組織的に研究をしなければならないような大規模なものを必要としていましたが、教員養成学部でできる研究は、少額で小規模な研究しかできませんでした。

●技術科教員養成での実技指導

技術科教員養成での電気、機械などの教科専門の先生方は、工学部と比較すれば実に小さな存在ではありましたが、教員養成大学・学部では大きな顔を利かせていました。しかし、その学生指導においては、教育職員免許法に明確に記載されている「実習を含む」に関して、実態はほとんどが実習の指導ができない教官が大半でありました。島根大学においては電気分野では技官が担当し、機械や金属加工分野ではすべて非常勤講師に依頼して学生指導を行っていました。

工学部、農学部の専門教育における実習は大半が実習助手や技官が配置されて行われていました。それらの職員による実験・実習などの教育活動は重要な分野であると私は理解していますので、教授自らが指導することが必要と考えています。

教員養成大学・学部においては、卒業生は卒業と同時に教壇に立ち、児童生徒を指導しなければなりません。しかも、技官や実習助手などが配置されない状態での指導です。座学の指導の内容は教科書を読んで修得すれば指導は可能でありますが、実験や実習はそのようには行きません。

したがって、教員養成大学・学部教官は自ら実験や実習の指導ができることが必修条件のはずです。とくに、中学校教育における技術・家庭科技術分野においては、理科のような座学と実験による純粋理学の学習ではなくて、実際に道具や機械を使用し、生活に必要なものづくり実体験をともなった、実学の学習が基本に据えられています。このような教科の特性を考慮すれば、教員養成大学・学部での中学校技術の教員養成における大学教官は、実技指導ができる教官でなくてはならないはずです。

●六年制教員養成へも期待

教科専門系教官の苦悩は前述しましたが、教科教育系教官にも大きな問題点があります。現在の全国の教科教育系担当教官を分類しますと三タイプに分類されます。①教育学系出身、②教科専門出身、③現職教員出身です。

いずれの分類においても教員養成者としての使命は、卒業生が教壇に立ったならば自信をもって児童生徒を指導できるだけの力量を身につけさせてやることにあります。例えば、実践的な教材作成力、授業展開法、授業構成法、授業表現法、実習授業展開法など、授業（講義と実習）を円滑に実行できる力です。

ところが全国的に見て、教科教育系教官でそこまで指導力を持ち、指導している教員養成大学・学部は無いと行っても過言ではないでしょう。一人か二人の少人数の技術科教育教官で、ここまで広範囲な木材加工、金属加工、電気、機械、栽培、情報基礎の分野を行うことは、困難きわまりないことでありましょう。しかし、この問題を克服しなければ、理想的な技術科の教員養成はあり得ません。私は四十年間、技術科教員養成に身を置いた者として、その解決法は以下の一点に絞られると確信しています。

「教科専門系教官の教科教育の兼務が、最も現実的で可能性の高い解決策である」という結論です。すなわち、教科専門教官の教員養成大学・学部内でのアイデンティティー（独自性）の確立です。すなわち、第二工学部や農学部の意識から脱却して、例えば、新たな木材加工教育学、電気・電子教育学、機械教育学などの新しい学問、教科教育分野の確立であります。このような教員養成の理想郷は、いつの日か実現できることを切望します。近い将来に実現できなければ教員養成大学・学部の大解体、整理統合は必至でしょう。

また、教員養成学部の代表のように思われている教育学・教育心理学などの教職系教官にも、大きな改善点が多々あります。現在は理念、あるべき論の指導に留まっている教員養成における教職系科目の学習内容では、混迷する学校教育現場での指導改善には効果が少ないと思われます。教職教科はより実践的・臨床的に研究され、社会から信頼される「教育科学」として、いち早く科学的で臨床的（診断と治療のできる）な学問として、成熟することを期待したいものです。

将来、中学校の技術科教員になる学生が、教科専門をじっくり学修し、前述の理想的な教科教育を学修する。さらには、進化した実践教職教育を学ぶ体系的な教育課程ならば、民主党の言っている教員養成六年制も意義ある制度であり、無駄なものではないでしょう。

22　将来の技術教育の夢に向かって

●大学教育で、技術教育の実践を!!

島根大学では、全国でも唯一の一般教養教育科目として、「くらしの中の製作技術」(学生の愛称「くら製」)を設けています。その授業は実習中心で、私はその技術教育実践者として誇りにしています。授業内容は中学校技術で学習した木材加工を基礎にした発展学習です。各自それぞれが作製したいものを自由に構想図に描き、けがき・材料取り・部品加工・組み立て・塗装などをする基本的なものづくり工程の学習です。材料は三種類、十二ミリメートル厚の針葉樹合板、ヒノキ集成材、角材を大学で準備します。この中から材料を選択させ、材料費の一部は学生に負担してもらいます。定員は十六名に限定。材料取りや部品加工の大半は、移動テーブル付き丸のこ盤で機械加工します。

以上のような、昔で言う「3K(きつい、汚い、危険)」に、さらに「1K(金、すなわち材料代がかかる)」をプラスした実習授業に対して、開講当初は何名の受講生が応募してくるのか心配でした。しかし、何と驚くなかれ最高倍率二十倍、最小倍率三倍で、常にじゃんけん選抜(女子学生八名、男子学生八名)を行う状態です。このような応募状況を鑑みて、私は前、後期それぞれの学期において、常に二回の反復開講、すなわち、年間毎週二回の開講授業として、できる限り多くの学生が受講できるように配慮してきました。

学習評価は塗装を終えて完全な作品提出と出席点だけで、試験はしません。しかし、出席率は常に九〇%以上で、学習意欲も非常に高く、補講や居残り学習においても学生の活き活きした積極性が伺えます。大学教育において、なぜ技術教育が大学生にこんなに支持されるのでしょうか。おそらく、今の大学生には、中学校で学んだ技術教育(ものづくり教育)への願望というDNAは確実に体内に潜んでいたと思われます。今時の若い者も見捨てたものではありません。彼らから技術教育を奪う教育制度を作った大人達に責任があるのではないでしょうか。

●拘束型学習からの開放を!!

「くら製」授業の受講生を見ていると、大多数の大学生は、小学校から高校までの十二年間、教室と机に縛り付けられた拘束型学習(長時間、椅子に腰掛け、机に向かう学習)の授業形態から解き放たれ、開放型学習を望んでいるかのようです。実験、実習には開放型の学習形態の可能性があるのです。大学の授業時間は小学校・中学校・高校などの約五十分程度とは違って、倍の九十分の授業時間です。これが拘束型学習(講義)であったら、テレビの三十分番組で慣らされて成長してきた大学生にとっては、まさに拷問のように感じるでしょう。

しかし、開放型学習の実験、実習であっても全員、同一実験や同一製作課題学習ではだめです。各自、学習目標や課題が違っていることが必要です。こうした個別課題の学習指導方法を大学教官が習得する必要があります。これも大学教官にとってのＦＤ（教育の質の向上）の重要な課題です。近年のＥ・ラーニングを導入すれば大学の講義室は必要最小限の数で足ります。その代わり、実験室、実習室、演習室の充実と量的な拡大が必要でしょう。そして、開放型学習の技術教育を大学教育においても普及させるべきでしょう。大学から講義室が減ればそれだけ土地建物に余裕ができ、新たなスタイルによる大学の学習環境の再構築が可能となってきます。

●日本一の木工施設

私が大学教育において、十六名を対象に機械加工を中心にした技術教育の木材加工実習ができる背景には、恵まれた施設、設備があります。教育学部木材加工実習室（手加工室九十六平方メートル、工作台十二台、第一木工機械加工室四十八平方メートル）と全学共同利用施設の工作センター木工室（第二木工機械加工室一〇六平方メートル）が隣接しているためです。木工機械についてもほとんどの材料取り、部品加工のできる基本的な丸のこ盤などの木工機械が二台ずつ設置され、さらに、その他の一般的な木工機械もすべて完備されています。また、校舎耐震性改築時にはエアコンが完備し、床は高級木質フローリング材となり、さらに、工具収納棚は壁面全面が淡いピンク色の備え付け収納家具となりました。そして、床や工作台上の清掃は、常に化学ぞうきんのモップで行い、塵一つ無い清潔な木工室と木工機械室として改築整備されています。島根大学の学生はこのようなクリーンな広々とした日本一の教育環境で大学版技術教育を履修しています。

もはや、散らかっているのが当たり前の木工室、埃っぽくて薄暗い部屋では、女性も楽しく快適に学習できる環境ではありません。塵一つ落ちていない整備されたクリーンな木工室での技術教育の普及の時代が来ました。

●近代的な出雲科学館・創作工房

科学学習の社会教育施設としての拠点として、科学館は全国にありますが、技術館はありません。寂しいことです。何とか科学館に技術学習の要素を含ませたいものです。そこで全国的にも希な「木工ものづくり活動」拠点を持った技術学習の社会教育拠点を紹介いたしましょう。

島根県出雲市にある出雲科学館・創作工房です。一度ＨＰで施設設備や企画内容を検索してみてください。全国各地にある一般的な科学館では、来館対象者が児童生徒という子どもに偏っていますが、成人男女にも来館利用の範囲を拡大するために、施設設備の充実を図るならば、技術分野(ものづくり活動系)が最適でしょう。これを実施したモデルケースが出雲科学館・創作工房です。木工具、小型・大型木工機械、工作台などが十分に装備されています。

また、専属の指導、企画できる職員を専属で配置しています。この女性専属職員の原　知子さんは、島根大学教育学部の技術教育専攻出身で、十分な実技指導力、各種イベント企画力、プレゼンテーション力を備えており、年間を通した盛りだくさんな木工ものづくり教室、木と木工のサイエンスショー、技術分野の企画展示など多彩なプログラムを企画、実施、指導できる力量を持っています。

学校教育での技術教育の不毛を補うならば、今後は出雲科学館・創作工房のように、広く社会に目を向けた社会教育の中で、技術教育の振興に力を注ぐ必要があります。また、全国各地にある中学校技術室の社会開放と地域住民の同好会の組織化。例えば、木工技術クラブ、木工クラブ、工作クラブ、日曜大工クラブなどの設立によるソフト面でのプロデュースが必要です。

●幼児教育にチャンスあり

技術教育担当者の悲願は、従来から小学校教育課程に「技術」の教科の設置を願っての、小学校図画工作科の工作分野への展開ではなかったでしょうか。しかし、小学校や中学校では厳然とガードの堅い教科があり、その教科の壁を破ることは至難の業です。従来、全国各地でこの壁破りの挑戦が行われましたが、成功していません。小学校での「ものづくり科」や「技術科」は教育特区の認定を受けた自治体や、私学の一部で導入されているのみです。

私自身も何とか中学校以外でも技術教育の普及をと、努力をしてきましたが、残念ながら四十年間夢を果たすことができていませんでした。ところが定年退職の三年前より、技術教育と幼児教育の接点が見え、希望が見えてきました。幼児教育にはベルリンの壁のような強固な「教科」の壁がありません。幼稚園では教科の研究会と言うような圧力集団もありません。

幼児教育では従来から「木のおもちゃ」、「積み木」は重要な保育・教育教材でした。現在、林野庁が国の政策として、木育(木材利用に関する教育活動)事業の幼児編を展開してきています。私はこの事業に深く関わり、大いに触発させられました。そこで、環境教育がらみで教材「ロボ木ー《ろぼきー》」(国産木材でできたエコ・ロボットのものづくり教材)を開発し、大学幼児教育関係者らとの協働で普及展開を行っています。また、島根大学教育学部内におきましても、最近の教員養成の教育組織改革が行われて、技術教育分野は幼児教育に基盤をおくことになり、中学校教育にも基盤をおきながら技術教員養成と二足のわらじをはくことになりました。

このようなきっかけで、幼児教育と技術教育との接点をさぐっていくと、意外や意外、幼稚園関係者や幼児教育研究者らとの共通理解は得やすく、環境学習、ものづくり活動、コミュニケーション活動、親子活動などのキーワードを媒体に、幼児教育と技術教育の融合した新たな世界に希望を見いだしています。窮屈な教科の壁がないのが良いようです。

●生徒数減少と教員の技術科指導能力認定試験制度

生徒数の減少により、中学校では全教科にわたり、免許取得教諭を十名揃えるのは、非常に困難な状況にあります。したがって、技術のように授業時間数の少ない教科では、どうしても主要教科の教諭が副免で技術を担当する例が全国で多くなってきます。主要教科の教諭でも技術を生徒に楽しく、確実に指導できる教員養成と現職教員研修制度づくりが緊急に必要でしょう。

また、副免（技術を専科としない教諭）や主免（技術を専科とする教諭）を問わず、教員の指導能力認定制度を早急に確立し、教員の指導能力を客観的に認定する制度を確立せねばなりません。現在、日本産業技術教育学会が科学研究費の支援を受けて、試行しながら制度の確立を目指していきます。今後の認定試験制度の定着を大いに期待したいものです。副免で教科「技術・家庭科」の技術分野を指導せざるを得ない教員の方々にも、指導能力を身につけ中学校技術・家庭科技術分野を魅力ある学習の場として、授業を展開していける体制の確立が急がれます。

23　熱くなれ!!「木育」

●「木育」と地球環境

「木育」に類似した用語に「食育」があります。平成十七年六月十日に食育基本法が成立したことにより、大きな国民運動として展開されています。日本国民全般の食生活の乱れをただし、健全な食生活を取り戻そうとする大きな国民運動になりつつあります。そして、中学校技術・家庭科の家庭分野においても「食育」が記載されるようになりました。

木育については、平成十八年九月八日、森林・林業基本計画が閣議決定されました。この基本計画の中で国民・消費者、生活者の視点を重視することが施策に盛られ、林産物の供給及び利用の確保に関する施策の一つに「木材利用に関する教育活動(木育)の促進」が明記されました。これが国レベルで登場した最初の「木育」でした。

この木育は技術教育振興の大きく、新たな視点となりうる重要な教育用語であることを多くの技術教育担当者に理解していただきたいと思います。七月七日より「G8洞爺湖サミット」が開催されました。その中心議題が地球環境です。これからの普通教育、職業教育のいずれの技術教育でも地球環境の視点なしでは語れません。新指導要領の中学校技術・家庭科の技術分野において、技術の進展と環境についての記述があります。環境学習と木育は密接な関係を持ちながら進める必要があるのです。

●先行した森林環境教育

林野行政においては森林・林業基本法においても、従来から川上(山、森林)に関して自然環境保全の視点から、重要施策として森林環境教育を積極的に実施してきていました。そして、全国各地に県民の森、森林学習館などの学習の施設・設備が整えられてきました。

そして、学習指導要領の改訂に伴って「総合的な学習の時間」が設けられ、環境学習のフィールドとしても学校教育との関連で活用されるきっかけとなってきました。そして、観光地、休養地、社会教育の場などとしても地域住民の多くに活用されるようになっていきました。私自身も島根県の森とのふれあい推進事業の一環で、ふるさと森林公園の森林学習館において、小学生夏休み木工教室を長年にわたり開催してきました。

このように森林環境教育として、国民の緑への指向性を高める効果を上げていきました。そして、社会全体が樹木を大切に育て、森を育むことは自然環境保護のスローガンとなっていきました。この反面木材を利用することは、樹木を伐採し、森を破壊することに繋がるという断片的な学習の危険性を含むこととなっていきました。

私の主催した木材利用に関する木工教室は森林環境教育の一環で行われてきたものであり、積極的な木材利用に軸足をおいた木工教室ではなく、森林利用の一環として行われてきました。しかし、小学生の夏休み木によるものづくり工作は打って付けの工作活動で、小学生に大人気の企画でした。

この根強い人気は現在も継続しており、これからの木工教室は地球環境と人間教育を目的とした教育活動。すなわち、省エネ材料・再生産可能で持続可能資源・二酸化炭素吸収源としての環境材料としての木材の学習と、木を使ったものづくり人間形成教育としての「木育」に軸足を置いた新たな木工教室活動に期待が寄せられています。

●「木育」誕生の背景と日本の森林の現状

この木育が国の施策として取り上げられねばならなくなった背景を考えてみましょう。日本の木材自給率は二〇%を切ってしまい、大半が輸入材に頼ることとなってしまっています。食料の自給率の四〇%と比較しても極めて低い値を示しています。

一方、地球温暖化について京都議定書において二〇一二年までに日本は六%の二酸化炭素排出量を削減することを国際的に約束しています。その六%の内の三・八%は森林資源によって削減するとなっています。この国際的な約束を履行するためには元気な二酸化炭素を吸収できる森を育むことが必要であり、このためにも国産材の利用促進が必要となってきたのです。

とくに、日本の森林面積の約四〇％を占める人工林はご承知のとおり、下草刈り、枝打ち、間伐などの手入れができず、大地に大きく、たくましく根を張り、枝葉を大きく中空に広げることもできず、野菜のもやしのような病的な森林となり、地球温暖化ガスである二酸化炭素を十分に吸収できない状態にあります。その惨状がマスコミでも大々的に報道されております。そして、この窮状を少しでも打開し、森林整備と木材の秩序ある利用促進をするために全国各地で森林環境税などの地方税を導入しているところが増えています。

●「木育」と林野行政の組織改革

このような木材を取り巻く川下の社会的な認識の変化を背景にして、農林水産省林野庁の現在の組織を見ると、近年大きな変化が認められるようになってきました。すなわち、林政部に木材産業課と木材利用課の二つの課が最近新設されました。従来は川下行政(木材の利用に関する行政)はどちらかと言えば手薄であったことは否めませんでした。木材産業課と木材利用課が設置される以前は、木材課一つでありました。木材課以前には名称としては「木材」の名前が付いた部署はなかったと思います。

このように、木材関連産業と消費者・生活者を対象とした、木材利用促進普及を担当する木材利用課が設置されたことは、川下行政の強化においては誠に力強い限りです。木育の担当は木材利用課であります。平成十九年度から始まった木育の取り組みについては平成二十年度版森林・林業自

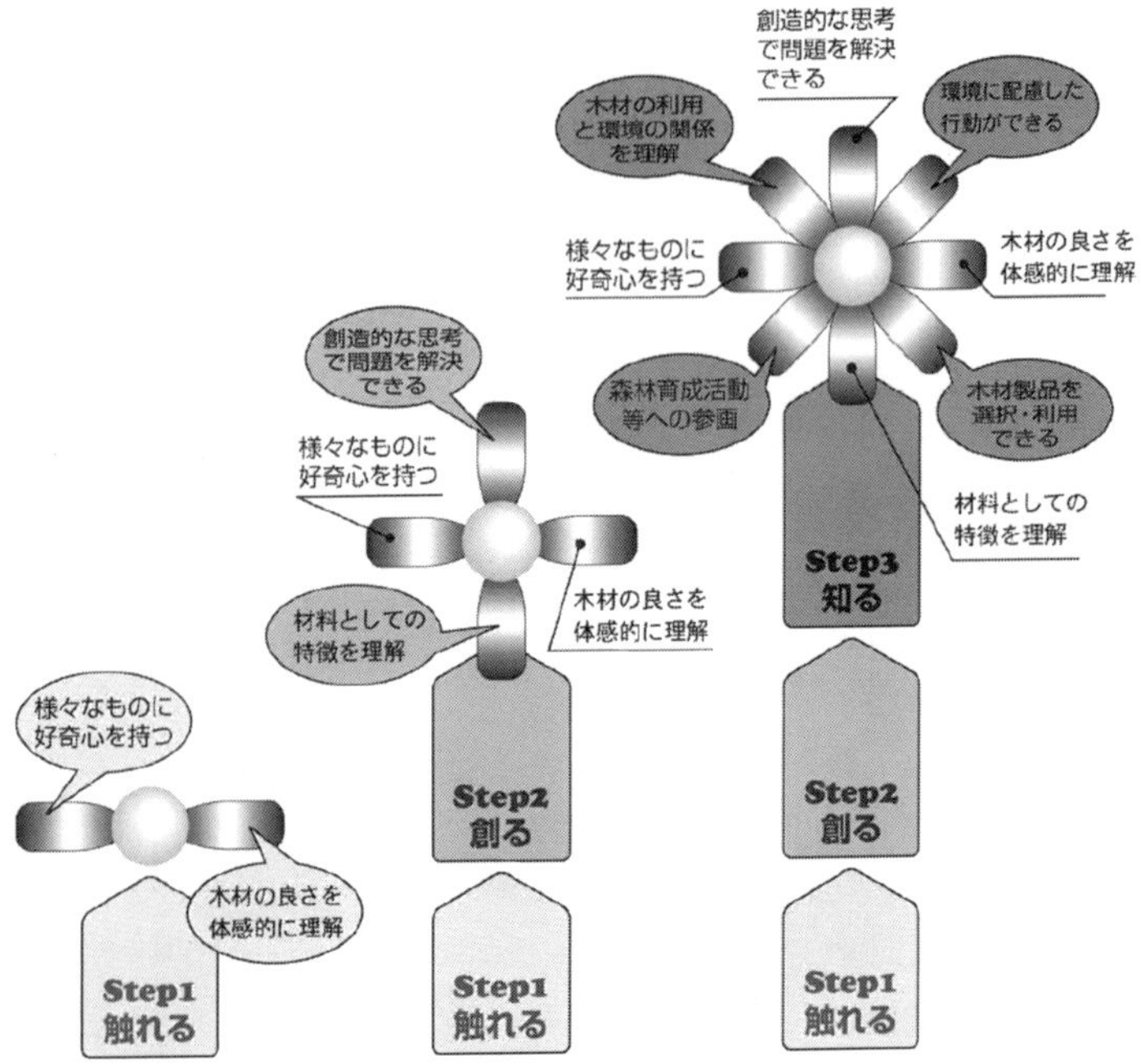

▲木育フラワーのイメージ図

書に記載されています。

●木育フラワー

木育を一言で表現すれば「木材利用に関する教育活動」となります。しかし、これを林野庁、(財)日本木材総合情報センターによる木育推進体制整備総合委員会で作成した具体的な木育フラワーとした概念図で表現すると図のようになります。とにかく「木材に触れる」ことから始まり、「木材で創る」そして「木材を知る」この三つのステップを段階的に進めることにより学習が深化し、学習成果が開花していきます。その結果、人間と木材がより親密になり、木材を理解し、木材の良さと木材利用の意義が理解できるようになる教育活動であります。これが環境時代を生きていく人間形成であり、すなわち「木育」の教育理念です。

●「木育」と中学校・技術教育の関連

木育を国民運動と位置づけるならば、義務教育段階での中学校・技術・家庭科の技術分野の学習内容に木材加工教育が存在することは極めて意義深いものとなります。中学校の義務教育において国民全てが木材と木材加工について学習するのです。この学習により日本の伝統的な「木の文化」の基礎を学ぶのです。

この技術教育を基盤において、社会教育・家庭教育での学習を展開していくことが木育の体系であります。学校教育だけで技術教育の施設である特別教室の「技術室」を使用するのでは、はなはだもったいない感じがします。全国津々浦々に存在する、ものづくり教育活動の拠点となる「技術室」という社会資本を、木育の全国国民運動展開拠点に大いに活用することが期待されます。

しかし、昨今のせちがらい世の中では学校の一般開放は建前では簡単ですが、実際となりますと難題を抱えてしまいます。学校全体のセキュリティーの問題や、技術室の維持管理においては、どこの学校でも頭を悩ますことと思います。広く社会との連携を取った教育・学習活動として活用されなければ充実発展の道はなかなか開けてきません。このような現状において、木育活動の地域拠点として技術室の活用を考えてみる必要があります。木材加工教育関連の工作台、道具、木工機械などは大いに活用できる教具となります。

技術科教員も木育インストラクターとしての有望な人材となることが期待されます。また、木育事業計画の一つに木育インストラクター研修なども計画されています。これらの研修を受講し、木育インストラクターとして社会的に活躍できる場を持つことが可能となってきます。ぜひ、中学校・技術科の先生方、挑戦してみてください。

これから国の政策として「木育」が全国展開していきますので、今後の動向にぜひ注目していただき、木育の全国普及のために技術教育関係者のご支援とご協力をお願いいたします。現在および今後の「木育」に関する詳細な情報は、(財)日本木材総合情報センターのＨＰをご覧下さい。

平成二十二年からは東京おもちゃ美術館が木育推進母体となり、林野庁の指導の下で館長の多田千尋氏を中心とする体制で活動を継続しています。私も委員として木育に尽力していきます。

24　木と木工の復権

●幼児期から木育を

「木育」は新しい用語です。しかし、中身的にはさほど新しい内容ではありません。とくに団塊の世代と言われる、私の世代（五十〜六十歳代）にとってみれば、昔は生活そのものの中に木材が豊かに存在し、身近に木製品が溢れていました。すなわち、「木育」の中で生活していた世代でした。

ところが時代が進み、生活の中から木材、木製品が少なくなり、いわゆる「木離れ」が始まりました。木工ものづくり活動が身近から減少し、木に触れ、木の肌触りや木の香り、木の感触を忘れた世代が多くなってきました。この木離れ時代に「木育」が登場した大きな社会的な意義は「木と木工の復権」にあります。

すなわち、生活の中で木を使う機会を大いに増やしたい。日本の風土や文化に適した木の住まい（木造住宅）、木の家具、木のクラフト、木の生活用具など「木づかい」の普及であります。そしてまた、日本人との親和性の最も高い材料の「木」を使い、生活に必要なものを手でつくりだす能力に優れた日本人としての、木工ものづくり活動の普及であります。

▲韓国・全州のクレヨン幼稚園における木工活動

とくに、幼児期からの木との触れ合い活動は、人の生涯を通した木と木工に関わる重要な影響を及ぼす要素を含んでいます。幼児期に触れた木の肌触り、木の香り、のこぎりで木を切った心地よい切れ味感触などの原体験は、多くの大人の記憶に鮮明に残っていることでしょう。すなわち「三つ子の魂百まで」です。幼稚園、保育園の建物の木の内装や木の床、木のおもちゃ、木の遊具なども幼児の教育・保育環境を配慮した木づかいの事例です。また、木工活動（木にくぎを打つ、木をのこぎりで切るなどを行ってものづくりを行う）は、スポーツでは体得できない身体生活運動能力の発達、頭脳（構想実現力）の発達、危険への対応の安全教育などの視点からも今日的な意義が重要視されてきています。

このような木工活動の幼児教育実践を、韓国の私立クレヨン幼稚園での例として写真に示します。日本でも一部の幼稚園教育において行われていますが、まだまだ少数であります。私たち技術教育関係者は木育の普及を通して、幼児教育での木工活動の普及を大いに期待をしたいものです。

●樹木を切ること、木を使うことは悪か？

木育は「木材利用に関する教育活動」です。木材を利用するためには木（樹木）を伐採しなければなりません。このことは現代社会風潮からすれば「森林破壊」と短絡的に理解されてしまい、社会悪になってしまいます。マスコミで訴えられる主張の大半は「森（樹木）の大切さ」しか目につきません。自然環境保護ばかりが先行し、人間生活環境からの視点がどうしても軽視されています。

樹木を育て、森を育てることに異論を唱える人は誰もいませんが、樹木を切って、木を利用し、木造住宅や木製家具をつくることや、また購入してこれらを使用することに対しては、森林破壊として異論を唱える人はたくさんいるでしょう。しかし、木育が提唱された現代社会での意義は、適正に管理された森林（森林認証・ＦＳＣなど）から木を切り出し、生活に必要な資源を供給することを正しく理解し、「樹木を切り、木を使用することは良し」を是認することです。もちろん、その背景には地球温暖化防止、持続可能な循環型社会の構築の理念があります。違法伐採は問題外です。世界中では違法伐採が進行していることも事実です。しかし、元来日本人は国内において、調和のとれた木を使う「木の文化」を長年にわたって健全に培ってきた優秀な国民です。

地球環境新時代の今こそ、自然環境保全と持続可能な社会構築との調和のとれた、森林育成と木材利用（樹木を切って、木を使うこと）を実行できる国民としての力を、地球規模で発揮する責務があるでしょう。

●木の良さを本当に知っているのか？

国産材利用促進の各種委員会において、消費者団体の方からはしばしば「多くの日本人は、木の良さをすでに知っています」という発言を良く聞きます。確かに、「木は良いですね」という会話を良く耳にします。高品質の木でできた木造住宅や木製品・木工作品など、多くの日本人は「良いですね」と高く評価してくれます。ところが、なかなか実需につながりません。消費者は木造住宅や木製品を購入してくれません。高価だからでしょうか。

しかし、本当にそうでしょうか。高価・安価の価値を判断する知識・情報を私たち日本国民はどの程度学習しているのでしょうか。「多くの日本人は、木の良さをすでに知っている」と言っていました。本当に木の良さを知っているのでしょうか？　私ははなはだ疑問に思えて仕方がありません。とくに現代人は木離れした社会・家庭で成長し、生活してきています。また、木工ものづくり活動の経験も少ないのです。このような学習環境の中で得られた「木は良い」の価値観はどのようにして形成されているのでしょうか。本能的、感覚的に知っているだけではないでしょうか。木は自然材料、天然材料に由来するから良い材料と感じるのでしょうか。

でも本能的、感覚的に理屈抜きで「木は良い」と理解してくれている国民が、現在においても大勢いることは、私にとっては大変嬉しいことであります。そして、私としてはこの「木の良さ」をもっともっと深化させて、確実な木の実需に繋がる強固なものになって欲しいと願っています。

●木工ものづくり活動から「木の良さ」の深化を

樹木に触れ、樹皮を肌で感じ、製材して樹木の内部（木材）を見て、香りで感じる。そして、木材を切り、削り、穴を掘り、生活に必要なものを木で製作する。この行為は、毎日行っている料理に例えるならば、食材から各種の調理をし、食物をつくりあげる過程と同じです。

▲日本一の木育拠点「出雲科学館」での木工ものづくり活動

木の良さを本当に感じ、体得をするには木工ものづくり活動が最適な学習であり、行為です。木の良さと同時に悪さも感じ取れます。すなわち、木の特性を総合的に学習することができます。木を切る、木を削る、木に穴を掘るなど、この木工ものづくり活動の過程を通して、深化した本物の「木の良さ」を理解することができるのです。

食物に関しても、自分で調理をしている人は、調理ができない人に比べれば食材を見る目が違います。色合い、鮮度、味、におい、形状など全ての情報を使って判断・評価する基準ができあがっているのです。そして、食物として口に入る時の価値を正しく判断できるのです。

木工ものづくり活動は、ちょうど料理教室での調理活動です。世間では各種の料理教室が多数開催されています。そして、料理を学習する施設・設備や指導者などの条件が非常に良く整っています。社会教育施設の代表格の公民館にも調理室はほとんど整備されています。もちろん、家庭には台所が必ず備わっています。台所は家庭における食育のものづくり活動の拠点とも言えます。

しかし、現代では家庭や社会において、木工ものづくり活動の場や指導者は極めて少なくなってしまいました。そして、日本の厳しい住宅事情を考えれば、家庭での木工房の設置は容易に期待できません。そこで、日本では全国の中学校技術室の社会開放や、各種社会教育施設での木工ものづくり活動の場の設置が期待されます。その好例として、島根県にある出雲市立の出雲科学館創作工房(木工室)のような「木の良さ」を深化体感学習でき、一般市民に開放され、専属の指導者を配置した専門の木工房の全国普及を期待したいものです。日本の木育普及の代表的な拠点の一つである「出雲科学館」を一度インターネットで検索して、年間の木工学習プログラムなどをご覧になってはいかがでしょうか。

25　ＮＨＫ・ＢＳｈｉ「アインシュタインの眼」放映

●二〇〇七年の新番組「アインシュタインの眼」とは？

ＮＨＫ・ＢＳｈｉでは、平成十九(二〇〇七)年一月より新番組として「アインシュタインの眼」が登場しました。この番組は秒速の世界でプレーするスポーツ選手や、ミクロ単位の技術を持つ職人の肉眼ではとらえられない世界を紹介したものです。一秒に五〇〇〇コマ撮れるハイスピードカメラや、感度が通常のカメラの四〇〇倍という超高感度カメラ、直径わずか十二ミリの超ミクロカメラなど最新の撮影機材を使って、これまで見ることができなかった世界を映像化します。時空を超えた新たな「眼」が、モノとヒトの不思議に肉薄する番組として、登場しました。

●竹中大工道具館と番組出演のきっかけ

私のライフワークとしての研究は、日本の大工道具や木の文化を代表する道具としての「かんな」です。かんなくずが中空を舞うように、数ミクロンの薄さで連続的な帯状のかんなくずを形成しながら排出する科学的な機構と、手道具であるかんなを大工が手に持ち、巧みなかんな削り身体動作

▲世界のかんなによるかんな削り

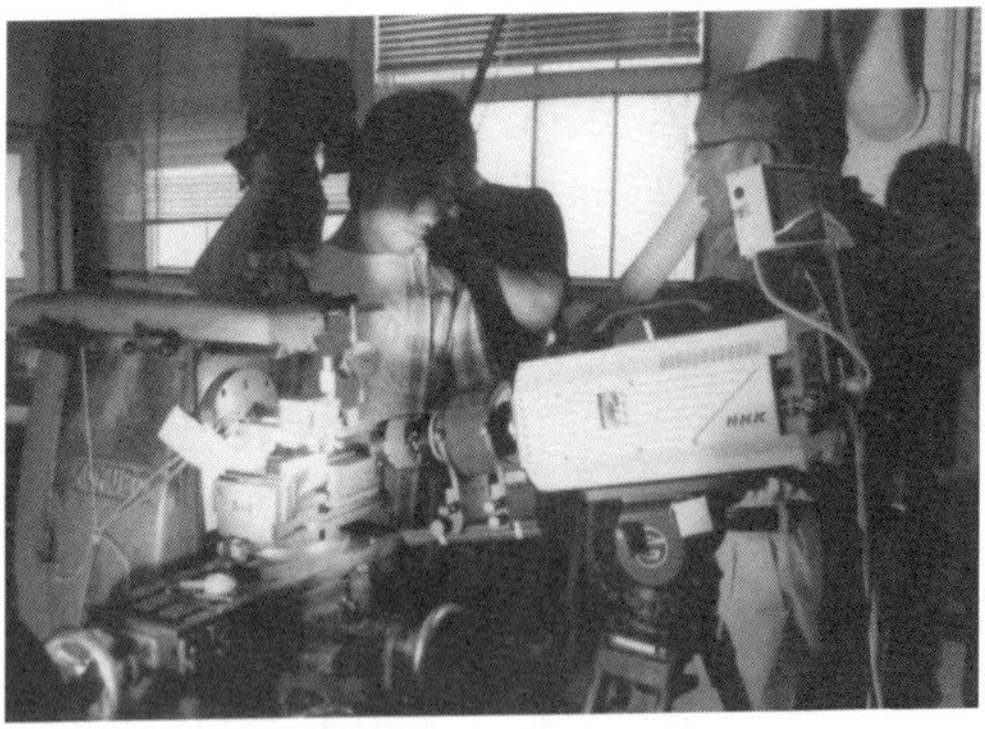

▲木材切削試験機でのかんな削り現象の撮影

を行う、その身体動作のメカニズムの解明でありました。これらの研究成果は学術論文としてまとめ、世界を代表する大工道具博物館である「竹中大工道具館」へ、初代館長の村松貞次郎先生を通してお送りしていました。したがって、館の研究員の皆さんは島根大学の山下がこのようなかんなの研究を行っていることはご存じでした。

この竹中大工道具館との交流が「アインシュタインの眼」の登場のきっかけを築いてくれたようです。ＮＨＫより制作依頼を受けた(株)テレコムスタッフのディレクターの小梁一正氏は、なぜ大工道具「かんな」をテーマとして取りあげようと考えたのか。昔から、宮大工が社寺建築の木材にかんなを表面にかけると「木が腐らなくなる」と言い伝えられてれている秘密を、かんなの刃物が木材を削る仕組み、及びそのかんなを巧みな身体動作で使いこなす宮大工の技を解明しようとしたものです。小梁ディレクターは番組制作にあたり竹中大工道具館へ相談をされたようです。そこで番組内容から山下の研究内容が最も近いとして、私を推薦をしていただいたようです。

●ＮＨＫ技術スタッフによる番組撮影

撮影対象の一つとなった木材切削実験装置は教育学部棟耐震改築工事を機会に、総合理工学部の若手研究者の中井毅尚准教授へ差し上げて、生物資源科学部林産加工場製材室へ移されていました。この木材切削実験装置の本体の金工用フライス盤や、付属品の金属部分には機械油やグリスを注いで、正常に作動するために教育学部技術教育コースの長澤郁夫准教授と総合理工学部材料プロセス工学科大学院生の川崎文子さんが点検整備を行ってくれました。この二人の協力により、ＮＨＫの技術スタッフと㈱テレコムの小梁ディレクターら総勢八名のクルーによって、平成十九(二〇〇七)年五月十日(木)午前八時から夜八時までの丸一日かけた撮影が島根大学教育学部木材加工実習室における世界のかんなによる私のかんな削りデモンストレーションと、生物資源科学部林産加工場製材室でのかんな削りの木材切削実験の撮影が行われました。

●いよいよＮＨＫ・ＢＳハイビジョンでの全国放映

撮影した映像がいよいよ平成十九(二〇〇七)年六月十九日(火)午後十時から十時四十分に全国放

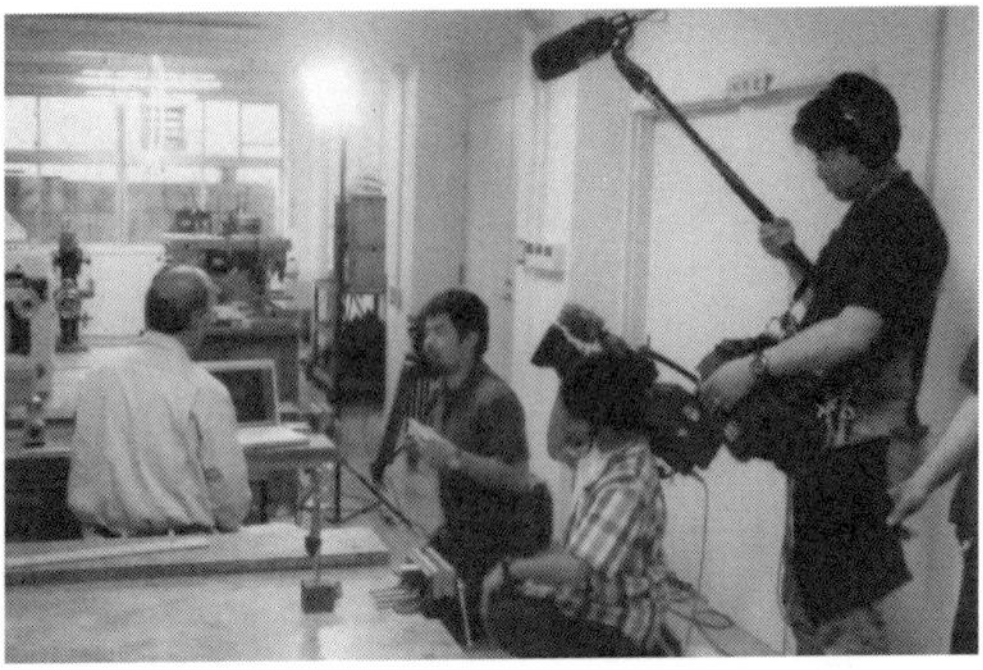

▲ 教育学部木材加工実習室でのインタビュー

▲ 小梁ディレクター、NHK 技術スタッフら全員による撮影慰労会

▲ 全国向け BShi 電波に乗った私

映が決定いたしました。この放映を全国の私の家族、知人、友人や関係者にぜひ見ていただくように連絡をしましたが、当時はまだＢＳｈｉはさほど普及していなくて、見られない方がたくさんおられたことが残念でした。我が家でも放映を機会にＢＳｈｉが鮮明に見られるようにと、家内が液晶テレビを購入してくれました。

放映後にはディレクターの小梁さんからＤＶＤが送られてきて、そのコピーを家族や友人に配布することで見ていただくことができました。このようなＮＨＫテレビの全国放送で、科学番組に私が登場できたことは大学人、研究者として、この上ない喜びであり一生涯の最高の記念になりました。亡くなった私と家内の両親にも、できることならこの全国放送の番組映像を見せてやりたいものです。

26　中学校・技術科教師をめざす大学生、木工実習で活き活き

●中学校・技術科教員養成のための木工授業

私の中学校技術科教員養成に関する木工実習授業題目は次のようでした。木材加工総説、木材加工実習Ⅰ、実習Ⅱ、実習Ⅲ、木工演習Ⅰ、演習Ⅱ、塗装演習、特殊木工演習でした。木材加工総説は木材組織、木材の物理的性質・機械的性質、木材切削加工論などの講義です。

木材加工実習Ⅰは、かんな台の調整、かんな身・裏金の研磨調整と手加工(さしがね、スコヤ、両刃・胴付き・あぜびきのこぎり、かんな、追入のみ、げんのうの使用法)による板材加工(打ち付け接ぎ、大入れ接ぎ、組み接ぎ、包み打ち付け接ぎなどの接ぎ手加工を含む)による箱物製作の基本工作法の習得を目標としました。

木材加工実習Ⅱは、角材による機械加工による脚物《あしもの》家具の基本工作法の習得を目標としました。具体的には、帯のこ盤、丸のこ盤、手押しかんな盤、自動一面かんな盤、角のみ盤、ほぞ取り盤などの基本的な木工機械の安全で正確な使用法の習得などです。

木材加工実習Ⅲは実習Ⅰ、Ⅱを複合して、板材、角材、フラッシュ構造パネル、框《かまち》組構造パネル

などのいずれかの構造材を選択し、引き出しや扉の付いた応用的な木製品製作技術の習得を目標としました。

木工演習Ⅰ、Ⅱは、木工旋盤による木工ろくろ、木工旋削加工による一輪挿し、鉢状の器製作技術の習得を目標としていました。

塗装演習では、素地研磨、目止め技術の習得と、クリアラッカー透明塗装を下塗り（ウッドシーラ）、中塗り（サンディングシーラ）、上塗り（クリアラッカー）の刷毛塗り塗装技術の習得を目標としていました。

▲木材加工実習Ⅰの基礎作品例

▲木工演習Ⅰ・Ⅱの木工ろくろ製作授業

特殊木工演習では、手押しかんな盤、自動一面かんな盤のかんな刃の研磨、かんな胴への刃物のセッティング技術の木工機械の調整技術の習得を目標にしてきました。

◀木材加工実習Ⅲの応用作品例(左・下とも)▼

以上、講義題目を列記しましたが、私の大学での授業形態は大部分が実習や演習です。やはり、実学から入りました。これも職業訓練校での研修の影響が大きかったものと思います。何よりも学生の授業への取り組み姿勢が実習の場合、大変良かったです。理論学習は後から文献、書物を読んでも理解できます。教員養成だけを目的とした教育学部の時代にはこのように、かなりレベルの高い木工技術を習得した中学校の技術科教員を世に輩出させることができました。もちろん、教育職員免許法においても教科専門の必修単位数が現在の免許法と比較しても多く、専門性を強化できた良き時代でした。

●女性への木工指導法の勉強

私の所属は当初は技術・職業研究室で、その後は研究室の名称変更で技術教育研究室となり、いずれも中学校教科「技術」を中心とした研究室に属していました。しかし、私は他の研究室の授業も担当しており、家庭科や美術科における木

▲家庭工作での女子学生の作品例

◀工芸実習（木工）の女子学生作品例

材加工に関連した授業も担当していました。それが家庭工作と工芸実習でした。

技術専攻学生はほとんどが男子学生であるのに対して、家庭科や美術科では女子学生が大半でした。女子学生に木工実習を指導するための製作題材、指導内容などは私にとっては、とても良い勉強の場となりました。当時は、一般的に「木工は男子向き」という風潮の強い時代でしたが、女性も楽しく、学び甲斐のある、達成感を感じてもらえるような木工を目指すには格好の指導法の勉強の場でした。

その頃、三段カラーボックスはホームセンターでは必ず目にするヒット商品で、下宿生活の学生さんにとっては本の収納などに必需品でした。そこで、技術科教員養成向けの木材加工実習Iを改善し、接ぎ手をすべて「打ち付け接ぎ」と技術的に容易なものにしました。そして、棚板や仕切り板の配置は各自の好みによって変化できるよう、自由度を取り入れることによって、個性を持たせることにしました。最初は、材料も無垢板のかんな削りによる基準面づくりから、板材の

▲ **技術科木工展**（島根大学旧学生会館にて）

厚さ、幅、長さ決めなどの基礎的な手加工による内容を取り入れました。しかし、その後時間短縮のために、厚さ一定の木質材料の一つである合板も材料の三分の二程度取り入れて、効率化を図りました。

このような女性の木工初心者への指導方法は、後年の社会人対象の島根大学公開講座木工教室での女性への指導法に随分役立ちました。

● 学生会館で技術科木工展

私が島根大学に赴任した昭和五十年代の学生の学園生活には、時間的なゆとりがありました。授業時間外においてもアルバイト以外に時間の余裕があり、木工の好きな学生は木工室で時間外の自学自習をよく行っていました。

とくに、前述の「木材加工実習Ⅲ」においては、とても正規の四十五時間の学習時間だけでは木工作品は完成させることができず、学生は自主的に補講を行って、自分が設計し、デザインして、構想を練った作品の完成には、殊の外積極的に取り組む姿勢が見られました。

このように積極的に木工の授業に取り組んだ学生達は、自主的に島根大学学生会館を借りて、「技術科木工展」を企画して、学内外の皆さんに学習成果を披露する場を設けたりしていました。このような活動をしていた学生は、今から思うと技術科教員養成の黄金期の学生達でした。それ以外にも、学園祭が近づくと学園祭に木工品を展示したり、販売するための製作活動をよく行っていました。このように学生自身が自主的に企画したり、私達教官が提案し、学生達と共同でいろいろな活動を共に行うことのできた、私にとっても良き大学教官時代でありました。

▲**技術科木工展の作品**（……観音開きの扉付きの作品は木材加工実習Ⅱの作品）

●かんな調整の旅

木材加工実習Ⅰにおいては、かんなの台直し、かんな身研磨、裏金調整などかんなを使用するための、かんな調整法を授業で指導してきました。これを学習した学生達と私は島根県内の山間僻地にあり、技術教育研究室の先輩が中学校技術科教員をしている中学校を訪問し、技術室の未調整のかんなを調整して、技術の先生が木材加工の授業がやりやすく、生徒も気持ちよくかんな削りができるようにと、ボランティアで島根県内の中学校を訪問しました。車のトランクにはグラインダー、砥石、台直しかんななどを積み込み夏休みに出かけていきました。これを称して「かんなの旅」と言っていま

▲ かんなの旅

（……裏匹見峡にて）

▲ かんなの旅（……川本中学校にて）

かんなの旅▶

（……匹見町にて）

す。

このように先輩のいる中学校を訪問することにより、山間僻地の技術教育の実態を見聞することができますし、先輩との夜のビールを飲みながらの歓談交流も楽しみな「かんなの旅」となっていました。ある夏には匹見町（島根県益田市）まで行き、当時私が、木材での村おこし事業で関連のありました匹見町民の皆さんとの学生を交えた交流や、裏匹見峡の清流で学生達と泳いだことも「かんなの旅」の大きな良き思い出となりました。

27　超人気授業「くらしの中の製作技術」

●教養教育改革……全学出動態勢

従来の大学教育での教養教育は教養部の先生方が担当しておられましたが、平成三(一九九一)年の大学設置基準大綱化以来、各大学において教養教育改革が行われて、島根大学では全学部の教官が教養教育に参画することとなりました。

従来の教養教育は高校時代の授業の延長で、しかも講義が大人数で、九十分も続き、内容もつまらなく、大半の学生からは不人気な教養教育でした。それらを改善する目的もあり、各大学ではいろいろ知恵を絞って改革を進めていました。

島根大学では、その一環で教育学部に所属する私も平成七年から、セミナー方式(少人数で実験実習など座学ではない授業形態)で教養教育の授業を開講することとなりました。講義題目は「くらしの中の製作技術」(最近ではこの授業を学生は「くら製」と呼んでいるようです)で、木工ものづくり実習を中心とした内容の授業でした。当時は3K(きつい、汚い、危険)が社会的に流行の時代であり、受講生は木工のような3Kの代表格の授業には、定員二十名にも満たないわずかな受講生しか受講希望者はいないであろうと予想していました。

●意外や意外!! 受講希望者の長蛇の列

平成七年の開講最初の年には、学期始めのガイダンスを定員十五名程度の演習室で行うように準備をしていました。ガイダンスの資料を準備して、教養棟演習室へ向かいました。ところが教養棟

▲「くら製」受講希望者が溢れんばかり

▲じゃんけんで受講者を決定

▲受講生、必死に作業!!……材料への「けがき」作業

から学生があふれて長蛇の列ができているではありませんか。教養教育でも人気のある授業は受講生も多くて羨ましく思いながら、私のガイダンスの演習室に向かいました。学生をかき分けながら演習室へ近づいていきましたら、何と、私のガイダンスの部屋からこの長蛇の列ができているではありませんか。これはこれは大変な驚きでした。学生に尋ねました、あなたたちは何という講義題目の授業を受講しようと思っているのですか？　えーっと「くら……技術」だと思いました。講義題目が長くて正確に言えません……。指導教官は？　山下？？？？です。名前が難しくて読めないのです。これだけで私の授業の受講生である分かりました。早速、一〇〇名程度入れる教室に変更してガイダンスを行うことになりました。これが私の教養教育「くらしの中の製作技術」の意外なスタートでした。

▲「くら製」て、最高!!……私の自慢の作品ヨ!!

●毎年、毎学期の嬉しい多くの受講生

今年で十五年間連続して開講していますが、受講定員は体力の衰えを感じ始めた六十歳を過ぎてからは十六名に減らしました。それまでは二十から二十二名でがんばってきました。受講倍率は最大で二十倍、最小で五倍程度でしたので、このように

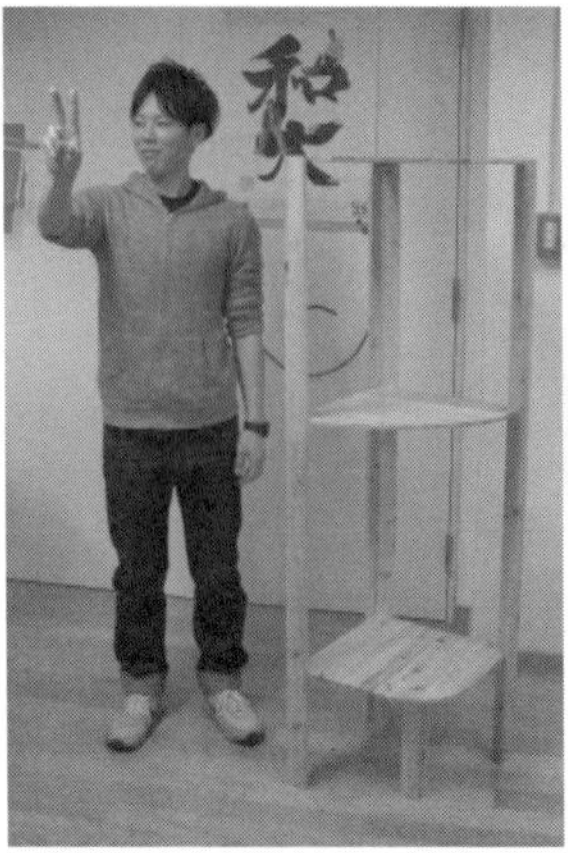

▲俺のこだわりの作品。できばえ最高!!

◀「くら製」自慢の作品。どうだ!!このできばえは？

沢山の受講生の希望を少しでも多く満たしてやろうと、毎学期同じ授業を二回反復して開講する反復開講で十五年間がんばってきました。毎回受講定員をオーバーするので、最近では女子学生、男子学生に分けて、じゃんけんをして、男子学生八名、女子学生八名を選抜して受講生を決めています。

今でも思い出すガイダンスの日があります。受講倍率が最高の二十倍であった年のことです。四〇〇名の受講希望者が教育学部の当時の大講義室に集まって、私がガイダンスをしていた時のことでした。平成十二年十月六日十三時三十分、鳥取県西部地震が起きたのです。四〇〇名を前にしてガイダンスの話をしていた時、突如大きな揺れに見舞われたのです。四〇〇名の学生は瞬時に机の下に隠れ、教室からは学生の顔が消えたのです。小学校、中学校で行う避難訓練の成果を目の当たりにすることができました。こんな経験もした「くら製」のガイダンスも平成二十二年度後期で、私の定年退官により幕を下ろすこととなりました。

▲完成の感激。「くら製」の思い出を友人と記念撮影

◀雀卓が大学で、自分の力で、できるとは感激!!島根大万歳!!

●受講生の好ましい受講状況

どうしてこのように受講希望者が多いのかを時々学生に尋ねてみました。おもしろそう、楽しそう、モノができあがる充実感、試験がない……などの声が聞かれました。正直な彼らの声でした。

受講態度は極めて良くて、出席率は常時九十五％以上、中途退席者、居眠りする学生全くなし。他の授業が休講になれば自主的に実習を続けていく学生も結構いて、嬉しい悲鳴でした。ものづくり実習授業で頭脳、手、身体など全身を使っての学習であり、毎時間毎時間形が変わり、変化があり徐々に作品の形が見えてくるのが楽しみなのでしょう。学習の達成感、成就感が満たされているのです。

●私の木工指導修行と「くら製」

このように技術教育専攻生ではない、全く素人で木工初心者に対して、どのように木工の楽しい世界に導いていったら

▲「くら製」の苦労、共に耐えた仲間と喜びを!!

◀「くら製」でできた猫ハウス。ベトナムからの留学生も祝福

よいのか。受講生は各自希望の自由作品を作らせています。構想図（キャビネット図又は等角図）を描くところからやらせ、二十名それぞれ異なる作品製作をどのように指導していくかは、集団個別指導法のとても良い勉強になりました。主に危険度の高い木工機械を使って製作実習ですので、安全には細心の注意を払いながら、学生には安全意識と安全動作を徹底的に周知させながらの指導です。

当然、授業が進めば遅い学生、早い学生などの進度差が生じてきます。これらをグループ化し、グループ指導法も習得することができました。木工機械操作も丸のこ盤での横挽きは各自に行わせ、始動時の留意点や、スイッチを切った後、惰性で刃物が回転しているときは、目視で回転が止まるまで、「心臓以外微動だにしてはいけないこと」を周知徹底させる指導法も有効であることも学びました。そして、丸のこ盤による縦挽きは、教官である私が行うことも有効な安全対策であることを学ぶことができました。

さらに、脚物家具と言われる机、椅子なども学生が作りた

い作品であります。しかし、板材加工と角材加工が二十名の中に混在すると、教官一人での指導は不可能になりますので、脚物家具(机や椅子)も板材をL《エル》字型に接合した脚で製作する構造を開発することができました。これも「くら製」の授業のお陰だと感謝しています。

このように、この授業から多人数の木工初心者の受講生を、快適な学習環境を提供しながら各自の自由度を保って、満足のいく作品を完成させる実習授業指導法を数多く学ぶことができました。さらに、「くら製」を六十五歳まで継続することで、私の木工機械操作などの木工技術力の衰えを防止し、維持することができましたことを大変嬉しく、ありがたく思っています。

28　我こそは、本物の教員養成学部の教授なり!!

●恩師からの厳しい忠告と島根大学農学部の存在

東京教育大農学研究科林学専攻を修了して、幸運にも島根大学教育学部助手として採用されて就職することができました。赴任に当たり、私は恩師の林大九郎先生から厳しい忠告を受けました。私は農学部から新たな教育学部へ赴任していくので、農学部で行ってきた教育、研究活動と同じことは行ってはいけない。新たな教育学部(教員養成学部)での教育、研究活動を目指すようにとのことでした。受取方によってはごく当然な忠告でありましたが、受取方を変えれば非情なものとも受け取れました。一時は谷底へ突き落とされたような気持ちにもなりました。

当時の研究者としての駆け出しの私にとりましては、一朝一夕に母校の大学院で行ってきた研究テーマを一八○度転換することはとても厳しく、困難なことでした。

赴任した島根大学教育学部では研究に必要な実験装置など皆無に等しく、着任早々島根総合高等職業訓練校へ研修に行くこととなり、新たな研究をスタートさせるような状況にありませんでした。これらが幸いしてか、教育学部(教員養成学部)での今後の研究テーマも訓練校での研修を受けながら数年じっくりと考える余裕がありました。

今から思うと、恩師から教員養成学部にふさわしい新たな研究テーマを見つるようにと忠告されたことが今の私にとっては、最良のアドバイスとなりました。また、島根大学には当時、農学部（現在の生物資源科学部）があり、そこには木材工学専攻の改良木材学講座と木材加工学講座の二つの講座がありました。私はこの二つの講座へは良く足を運び教育、研究面での交流をさせていただきました。

このときにいつも教員養成学部での教育と研究活動についての相違が話題となりました。そして、常に教員養成学部での木材加工教育と農学部での木材加工の違いについて農学部の先生方と議論を行いました。この議論が私を教員養成学部の教育と研究活動の独自性（アイデンティティー）の確立の良い刺激となり、独自な研究テーマ、独自な授業開講を必死で確立を目指した私の青春時代でした。単科の教員養成大学に在籍している先生方にはこの気持ちはなかなか理解していただけないでしょう。このような総合大学の中に私は身を置いていましたので、真剣に教員養成学部の教官としての独自の教育と研究活動を探求できました。このことは、今となっては感謝の気持ちでいっぱいです。

●新たな「かんな」研究テーマとの出会い

やはり、教員養成学部にふさわしい研究テーマは何だろうかと職業訓練校での研修を受けなががら、時々考え始めました。職業訓練校ではほとんどすべての木工具(大工道具)の手入れ、調整法、使用法を学んで行きましたが、これらのいくつかは中学校技術・家庭科の技術分野の木材加工で学習することとなっています。いやしくも将来中学校技術の先生になるならば、木工具の科学的な原理などをしっかり習得しておく必要があると感じました。職業訓練校では木工具の使用法の習得には、とても良く体系化されたカリキュラムがありました。このような実技面でのカリキュラムがあるとは大学人はほとんど知りませんでしたので、大学教育、大学院教育しか知らない私にとりましては驚きでした。しかし、この訓練校での実技面でのカリキュラムに大学教育での理論面の内容を加味すれば、さらに興味が湧く教員養成でのカリキュラムが新設できるように感じ始めました。

とくに木工具の「かんな」は精密工具であり、その木材切削メカニズムは複雑で、繊細でありました。そして、幸運にもまだこの分野は未開拓の研究分野として残っておりました。中学校の技術分野の教科書にもかなりのページを割いて、かんなの構造、木材が削れる仕組み、かんなの調整法などが経験則に基づいて記載されていました。しかし、それは科学的な研究の成果に基づいた内容ではありませんでした。従来、木工職人や大工が行ってきた経験則に基づいた記述内容でした。とくに、初心者へのかんなの使用法や指導法などは、全く経験則そのままのものでした。従来誰も科学的な研究を行っていなかったのです。

●木材加工実習授業での指導法

私が開講する授業も、私の母校の農学部で学んだそれをそのまま教員養成学部で指導したのでは、島根大学農学部の木材工学専攻の授業と同じになってしまいます。そこで、私は前述したように木材加工実習(木材を使ったものづくり実習を主体にした授業)を中心に組み立てました。この実習の中で木材組織学、木材乾燥論、木材材料学、木材切削論などの理論的な内容を融合させながら学習内容を組み立てていきました。さらには、私のかんな研究で明らかになった知見を織り交ぜながら授業を展開いたしました。そして、最終的な学習成果としては、我流ではない、科学的に体系立てられた基本工作法に立脚した内容で指導してきました。

そして、商品になるような精巧で、見栄えのする木製品が完成できるだけの技術力を学生に習得させることといたしました。これが私の教員養成学部での木材加工の授業の内容と目標でした。このような授業展開を行ってきましたので、農学部の先生方からも一言も苦言を聞くことはありませんでした。そして、私の教員養成学部の教授としての教育活動での自立と自信を持つことができたのでした。

●教員養成学部の先生方、勇気を持って!!……新たな挑戦を

教員養成学部には理学部、文学部、法学部、工学部、農学部など専門学部出身の先生方がおよそ

三分の二程度おられることと思います。これらの先生方は、私が抱いたものと同じような問題を抱えておられることと思います。

今の大学は昔の私が青春を過ごした時のような悠長な時代ではなくなり、教員養成学部には社会の厳しい目が向けられています。教員養成学部としての特色ある教育と研究活動とその成果が求められています。端的にお話しをすれば、教員養成学部の教授は幼稚園、小学校、中学校、高校のいずれにおいても模範となるような卓越した授業ができ、学習者を納得させる指導ができ、さらに、適確な教材教具を開発できるだけの力量が必要とされるようになってきました。そして学術的な学校教育に関連した深遠な研究基盤も持っていることが必要とされます。このことは大変な困難な課題と思いますが、社会からは教員養成学部の教授ならば、このような能力を持っていると期待されています。このような社会的な期待に応えられる力量をぜひ持てるように努力すべきでしょう。

●行政における「啓発、普及、広報活動」は教員養成学部のお手の物

子どもに教えること、伝えることは、今の情報社会ではとても大切で、重要なことです。この教える、伝えることのプロフェッショナルは教員養成学部の教授であります。日本国民に行政で啓発、普及、広報活動を行うことは極めて重要な仕事であると思います。しかし、この分野のプロは従来誰もいませんでした。私達、教員養成学部の教授はそれぞれ専門分野での「啓発、普及、広報」のプロになれるはずです。子どもから大人まで分かりやすく、楽しく教える、伝えるプロが教員養

成学部の教授でなくて、誰がその道のプロでしょう。

私自身、国の林野行政に関わって森の大切さ、木の大切さを啓発する「木育《もくいく》(木材利用に関する教育活動)」推進に関わってきました。木育推進体制整備総合委員会の座長として、いろいろな分野の委員の皆さんと一緒に協議してきました。地球温暖化防止のために森を育むための木材利用を、国民子どもから大人までの啓発、普及、広報活動の展開に携わっています。私は教員養成学部の教授として、国のこのような事業に携わることができ、本当に光栄に思っていますし、また、大きな誇りにも思っています。

教員養成学部には国語、英語、数学、理科、社会、音楽、美術、体育、技術、家庭など多様な分野がありますが、いずれの分野でも国レベルの「啓発、普及、広報活動」に先生方は関われるはずです。これは文学部、理学部、芸術学部、工学部、法学部、農学部などの専門学部が取り組まない未開拓な分野です。教員養成学部の先生方が国レベルでも大いに活躍できる場が残されているのです。このようなところでも社会的な存在感を示さないと、今の社会では教員養成学部は生き残れないでしょう。教員養成学部の先生方、早く目覚めてこのような意識を持ってください。自信を持ってください!!

四十年間私を育ててくれた島根大学教育学部(教員養成学部)を、私はこよなく愛しています。心より感謝もしています。これからの大学存廃激動の時代、存在感のある島根大学教育学部(教員養成学部)として、力強く輝き続けてくれることを心より祈っています。

おわりに

私が出演するＮＨＫ・ＢＳｈｉの番組「アインシュタインの眼」が平成十九（二〇〇七）年六月十九日午後十時から十時四十分に全国放送されました。番組のタイトルは「宮大工　木を活かすカンナの技」でした。

ちょうどこの年の四月から、島根大学教育学部附属中学校で長年技術科教諭として教鞭を執っていました長澤郁夫先生が、島根大学教育学部と島根県教育委員会との交流人事によって、島根大学教育学部教育支援センター准教授として着任して来てくれました。彼は幸いなことに、私の研究室の卒業生でした。長澤先生は技術・家庭科の技術分野の教材開発とコンピュータ教育に熱心で、数多くの教材教具を開発していました。そして、教育雑誌にこれらに関する論文や記事を数多く執筆していました。

長澤先生が私のこのＮＨＫの取材、収録の手伝いを積極的に行ってくれました。このお陰で無事収録、放映までこぎ着けることができたと言っても過言ではありませんでした。このＮＨＫでの放映を、彼は教育雑誌関連の知り合いに大いに宣伝をしてくれる中で、現在の産業教育研究連盟代表の大東文化大学教授の沼口　博氏や同大学教授で同連盟編集委員の三浦基弘氏らに、私のNHK出演番組の情報を伝えたようでした。ここから技術教育の月刊教育雑誌である「技術教室」への二年間の連載が始まりました。

最初は毎月たったの四ページの記事「木工の文化誌」ですので、喜んで簡単に引き受けました。ただし、二年間の連載と言うことで、二年間の二十四回も記事が書けるかどうか多少の不安がありました。回を追うごとに一カ月がアッという間に来てしまい、毎月毎月原稿に追われるようになってきました。人気作家が原稿に追われ、書斎まで出版社の職員が原稿を取りに押しかける話を、テレビなどでよく見ますが、そんな気持ちを多少なりとも味わうことができ、完結した現在は本当に気が楽になりました。

しかし、この連載によって、定年退職を間近に控えていました私にとりましては、私の大学人としての人生の仕事を振り返るための絶好のチャンスを与えられ、今となっては心より感謝しています。

連載を始めた二〇〇七年は、ちょうど農林水産省林野庁の木育事業に予算が付き、木育推進体制整備総合委員会が発足し、私が座長に任命されて本格的に木育(木材利用に関する教育活動)が活動をし始めた時期でもありました。国民運動の木育は、地球温暖化防止のために、CO_2を吸収させ豊かな日本の森林を育むことを目的としています。とくに人工林の国産材を積極的に教育面で使用し、日本の森林を育むために国産木材を使う対策、方法、啓発、広報などを行うための事業企画、教材作成、フォーラム実施などを全国的に行わねばなりません。

教員養成学部の教授として、学校教育のみならず社会教育にも早い時期から関わりそれなりの活動をしてきた私にとっては、国レベルの大きな社会貢献の場を与えていただいたことになります。一地方大学の教授には、めったにこのようなチャンスは与えられません。新米の座長をご指導いただいたのは、当時林野庁木材利用課課長補佐の河野裕之さんでした。河野さんのお陰でいくつかの難題を乗り越えることができました。この場を借りて心より感謝申し上げます。

この木育事業において、全国で野外活動、美術工芸活動、環境教育活動さらには民間での木工教室事業や木造建築工務店、木工品製作業界などに関わっておられる多くの方と交流ができました。この交流を通して私も大きく触発させられました。とくに、幼児教育での木の遊具、木のおもちゃと教育・保育に俄然興味が湧いてきました。

ちょうど、私も真太郎、凜子の二人の孫に恵まれ、この二人の孫とダブらせながら、木育に関する木のおもちゃ開発の仕事が、長野・塩尻の㈱酒井産業と協同開発として進展し始めました。木曽ヒノキでできたエコ・ロボットの「ロボ木ー」です。またこれを、島根大学教育学部附属幼稚園での長年の豊かな幼児教育実践経験を持つ、島根大学教育学部特任教授の野津道代氏がロボ木ーを使った、環境教育の幼児教育現場への普及に大きな力を貸していただけました。そして、彼女の力により、幼児教育現場向けの分かりやすいロボ木ー使用解説書も完成しました。

さらには、この幼児教育用の環境教育教材の「ロボ木ー」は韓国・全羅北道の全州にある国立全北大学幼児教育研究者のイー・ヤンファン教授の目にとまり、韓国・国立育児政策研究所(ＫＩＣＣＥ)での私の幼児教育特別講演へと発展していきました。

また、二〇一〇年には私が(社)日本木材加工技術協会中国支部長として、実行委員長を務め、全国初の第一回全国合板一枚作品コンペを企画し、無事に終了させることができました。この大事業の実施には、島根大学総合理工学部の吉延匡弘准教授、中井毅尚准教授、安高尚毅助教、教育学部の長澤郁夫准教授の四人の実行委員としての献身的な協力と尽力のお陰であります。四人の実行委員の皆さんにはこの場を借りて、心より御礼申し上げます。

以上述べてきましたように、木育事業、ロボ木ー教材開発、韓国・ＫＩＣＣＥでの講演、全国合板一枚作品コンペ……など、定年退職の時期が迫るにつれて、大きな仕事が次から次へと山のように押し寄せてくる毎日でした。そして、ゆっくり私が定年退職の準備をする間のない多忙な日々の中で、このように、この定年退官記念の自叙伝的な拙著を著し、出版できることは、奇跡、幸運としか言いようがありません。このような多忙の日々も二〇一〇年の年末ともなれば残りわずかです。残すところ三カ月で定年退官です。

後は、卒業生の長澤郁夫君、原　智君、後藤康太郎君、原　知子さんらが発起人として、三月二十日に計画していただいています定年退官記念事業を元気に迎え、教え子である山下研究室の卒業生の皆さんや、日ごろ私と親しく親交のある皆様の手に、この本が渡るのを楽しみに、今日まで原稿を書いてきたキーボードをたたくことを、今終えます。最後に、本著の出版を快く引き受け、原稿の校正やレイアウトなどでいろいろ貴重なアドバイスをいただいた、海青社の宮内　久代表に心より感謝します。

平成二十二年十二月二十三日

山　下　晃　功

山下晃功（やました　あきのり）プロフィール

1945（昭和 20）年　岐阜県岐阜市生まれ
1970（昭和 45）年　東京教育大学（現 筑波大学）大学院農学研究科修士課程　木材加工専攻修了
1970（昭和 45）年　島根大学教育学部助手採用
1986（昭和 61）年　かんなの研究により農学博士（名古屋大学）取得
1990（平成 2）年　島根大学教育学部教授
1996（平成 8）年～2000（平成 12）年
　島根大学教育学部附属小学校校長
2001（平成 13）年　第 9 回日本木材学会　地域学術振興賞受賞
2002（平成 14）年　全国中学生ものづくり競技大会実行委員長（平成 21 年まで、現在は会長）
2007（平成 19）年　農林水産省林野庁　木材産業の体制整備及び国産材の利用拡大に向けた基本方針作成委員会委員
2007（平成 19）年～2009（平成 21）年
　林野庁　木育推進体制整備総合委員会座長
2010（平成 22）年　日本産業技術教育学会　功績賞受賞
　第一回全国合板 1 枚作品コンペ実行委員長

著書：
1993（平成 5）年　「木材の性質と加工」（編著）開隆堂出版
2001（平成 13）年　「人間生き生き 木と森の総合学習」（編著）（社）全国林業改良普及協会
2005（平成 17）年　「ものづくり木のおもしろ実験」（共著）海青社
2006（平成 18）年　「森林を育む木の楽しみ　木工クラフトハンドブック」（共著）（社）全国木材組合連合会
2008（平成 20）年　「木育のすすめ」（共著）海青社

主な社会活動など：
島根大学、出雲科学館創作工房において、各種木工教室の主宰者及び講師として、子どもから大人まで広範囲に木材の利用普及活動及び木工ものづくり学習の普及を行ってきている。軽妙なトークと楽しく、わかりやすい指導は全国的に有名となっている。
林野庁の進める地球温暖化防止のための、「森づくり」における木育（木材利用に関する教育活動）のパイオニアであり、日本の第一人者です。

英文タイトル

Daigaku no Tōr yō
by
Akinori Yamashita

大学の棟梁《だいがくのとうりょう》

——木工から木育への道——

発行日 ———— 2011年3月20日　初版第1刷
定　価 ———— カバーに表示してあります
著　者 ———— 山下晃功
発行者 ———— 宮内　久

海青社
Kaiseisha Press
〒520-0112　大津市日吉台2丁目16-4
Tel.（077）577-2677　Fax.（077）577-2688
http://www.kaiseisha-press.ne.jp
郵便振替　01090-1-17991

● ISBN978-4-86099-269-9 C0037